河套灌区冬小麦发展模式及水热盐耦合效应研究

郑和祥　主编

中国水利水电出版社
www.waterpub.com.cn
·北京·

内 容 提 要

本书依据大量室内试验和田间试验成果，对河套灌区冬小麦发展模式及水热盐耦合效应进行了较为深入的研究。主要内容包括河套灌区冬小麦品种引选及复种模式、河套灌区冻融土壤入渗特性分析、河套灌区水热盐运移规律研究、水热盐耦合效应对冬小麦的影响研究、冬小麦优化灌溉管理模式研究等。

本书可供农业水利、水文水资源和农学等专业的科研人员参考，也可供高等院校相关专业的师生及水利与农业管理部门的工作人员参考。

图书在版编目（CIP）数据

河套灌区冬小麦发展模式及水热盐耦合效应研究 / 郑和祥主编. -- 北京 : 中国水利水电出版社, 2018.6
ISBN 978-7-5170-6547-0

Ⅰ. ①河… Ⅱ. ①郑… Ⅲ. ①河套一灌区一冬小麦一水热法一研究 Ⅳ. ①S512.1

中国版本图书馆CIP数据核字(2018)第140553号

书　名	河套灌区冬小麦发展模式及水热盐耦合效应研究 HETAO GUANQU DONGXIAOMAI FAZHAN MOSHI JI SHUIREYAN OUHE XIAOYING YANJIU
作　者	郑和祥　主编
出版发行	中国水利水电出版社 （北京市海淀区玉渊潭南路1号D座　100038） 网址：www. waterpub. com. cn E-mail：sales@waterpub. com. cn 电话：(010) 68367658（营销中心）
经　售	北京科水图书销售中心（零售） 电话：(010) 88383994、63202643、68545874 全国各地新华书店和相关出版物销售网点
排　版	中国水利水电出版社微机排版中心
印　刷	北京虎彩文化传播有限公司
规　格	184mm×260mm　16开本　7.5印张　178千字
版　次	2018年6月第1版　2018年6月第1次印刷
印　数	001—500册
定　价	**36.00**元

《河套灌区冬小麦发展模式及水热盐耦合效应研究》编委会

主　编　郑和祥

参　编　李和平　苗　澍　徐　冰　任　杰　刘　虎
畅利毛　曹雪松　张建成　杨　蕾　张汇娟
赵春芝　张培智　张宏旭　佟长福　白巴特尔
王　军　鹿海员　苗恒录　邬佳宾　杨燕山
赵淑银　苏佩凤　田德龙　李泽坤

前　言

随着社会经济的快速发展，我国国土资源特别是耕地资源形势严峻，合理开发利用有限的耕地资源已成为当今世界各国重点关注的问题之一。随着耐寒冬小麦品种的成功培育及耕作水平的不断提高，以及种植技术和灌溉管理等的不断进步，我国冬小麦种植区域由南向北逐渐扩展，成功实现了冬小麦与其他作物的复种，开辟了北方寒区一年两季的新种植模式，土地资源生产力显著提高。

内蒙古河套灌区位于黄河中上游，地处干旱寒冷地区，夏季高温干旱，冬季严寒少雪，降水稀少，蒸发强烈，盐渍化土地面积占耕地面积的50%以上，干旱、寒冷和盐渍化是制约河套灌区可持续发展的主要因素。内蒙古河套灌区一直以种植春小麦为主，每年3月播种，7月收获，属于典型的每年一熟有余、两熟不足的地区。近年来，经济作物与粮食作物争地的矛盾日趋严重，春小麦种植面积有逐年下降的趋势，冬小麦与其他作物复种、一年两季的种植模式是解决此矛盾的新途径。因此，开展河套灌区冬小麦发展模式及水热盐耦合效应研究，有一定的理论价值和重要的现实意义。

本书在开展耐寒冬小麦新品种引选和种植发展模式探索的基础上，通过冬小麦不同处理的田间对比试验和不同含盐土壤冻融条件下土壤水分运动参数的测定，利用SHAW模型研究了寒冷地区盐渍化土壤水热盐运移规律，揭示了寒冷地区盐渍化土壤水热盐耦合机理；分析了水热盐耦合效应对冬小麦生理性状的影响，最终确定了冬小麦在不同盐渍化土壤条件下的最优灌溉管理模式。

本书共分7章，第1章介绍了河套灌区冬小麦种植及与其他作物复种一年两季模式的意义、盐渍化旱区水热盐耦合效应研究现状和发展趋势；第2章介绍了河套灌区冬小麦品种引选、安全越冬种植技术、复种栽培技术及发展模式；第3章介绍了河套灌区土壤基本特性参数和冻融土壤入渗特性等；第4章介绍了河套灌区土壤水分运动规律、不同覆盖条件下的地温变化、水热盐运移规律等；第5章介绍了水热盐耦合效应对冬小麦生长指标、产量和水分生产率的影响；第6章介绍了不同盐渍化条件下考虑土壤冻融的冬小麦优化灌溉制度、不同盐渍化土壤条件下冬小麦最优灌溉决策方案；第7章对全书进行了总结，并对未来研究方向作了展望。

本书由项目科研团队按照所承担的研究内容与章节分工撰写，由郑和祥、曹雪松完成全书的统稿和审定工作。数据资料主要来源于国家青年自然科学基金资助项目“盐渍化寒区水热盐耦合效应及对冬小麦的影响研究”以及巴彦淖尔市农牧业科学研究院关于冬小麦多年的试验研究成果等。本书的编写得到了水利部牧区水利科学研究所、巴彦淖尔市农牧业科学研究院等单位的大力支持和帮助，在此一并表示衷心感谢！

由于作者水平有限，书中难免存在疏漏和不当之处，敬请有关专家和读者批评指正。

编者

2018年2月

目录

第1章　绪　　论

1.1　研究背景、目的和意义

1.1.1　研究背景

合理开发利用有限的耕地资源是当今世界各国关注的问题之一，也是实现土地资源可持续利用和农业可持续发展的一个重要方面，我国国土资源特别是耕地资源形势严峻，随着耐寒冬小麦新品种的培育成功和灌溉管理等措施的不断改善，我国冬小麦种植区域由南向北逐渐扩展，实现了北方严寒地区冬小麦与其他作物的复种，为一年两季种植模式开辟了新的发展空间，也将极大地提高土地资源的生产力。

内蒙古河套灌区位于黄河上中游，属于我国西北干旱、寒冷地区，是受盐渍化威胁较为严重的地区。该灌区是全国3个特大型灌区之一，也是最大的一首制自流灌区，现灌溉面积861万亩，年引黄水量50亿m^3，约占黄河过境流量的1/6，是国家和内蒙古自治区重要的商品粮油基地。粮食作物的种植规模关系着国家的粮食安全。建设和谐稳定的社会主义新农村，一方面要确保粮食作物的种植比例，保证粮食稳定供给；另一方面也要大力发展收益高的经济作物，提高农民收入。多年来由于粮食作物与经济作物争地的矛盾，内蒙古河套灌区种植结构的优化调整和农民生活水平的提高受到制约，当地生产的全面发展也受到影响。内蒙古河套灌区的小麦种植一直是春种夏收，一季种植，属于典型的每年一熟有余、两熟不足的地区。由于该灌区土地资源稀缺，粮食作物与经济作物争地的矛盾日趋严重，用一年两季种植技术来解决此矛盾是种植结构调整的新途径，同时扩大北方寒区冬小麦种植也为构建我国粮食安全生产体系开辟了新思路。

北方严寒地区冬小麦与其他作物复种的一年两季种植模式是最大限度从时间、空间上利用光、热、水、土等资源条件，从而实现增产增收的一种种植方式。内蒙古河套灌区种植冬小麦的显著效益还包括：冬小麦灌水避开了用水高峰期，可缓解春灌用水矛盾，有利于降低旱灾风险；冬小麦形成的地表土壤覆盖，有利于保水、保土、防风沙，改善北方冬季生态环境等。从2007年开始，内蒙古巴彦淖尔市农牧业科学研究院连续试种冬小麦获得成功，平均亩产量达到500kg以上，比春小麦增产15%～20%，在河套灌区6个旗县区和农垦局进行了推广种植。

1.1.2　研究目的和意义

内蒙古河套灌区是典型的季节性冻土区，在土壤温度、冻结历时和深度上均不同于黄淮海等冬小麦的传统种植区，该地区在一年内有半年的时间为冻结期，土壤冻结始于每年的11月中下旬，冻土层厚度1.0～1.5m，冻层全部消融在5月上中旬。土壤中的水、热、盐分布状况对冬小麦的生长有着显著的影响，土壤水分、温度和含盐量的适宜范围是冬小麦生长良好的重要环境参数，土壤的冻融对冬小麦生育期土壤水分、温度和盐碱状况有明显的影响，秋季冬小麦播种出苗后，随着土壤的冻结，水分逐渐往上迁移，积聚于土壤冻结层，水中的盐分随之一起上移，积聚于根系层；当春季来临，表土冻层逐渐融化，由于受底土未融化冻层的阻碍，水分滞留于土壤上层，而此时蒸发力很强，表层水分很快被蒸发，水溶液中的盐分则析出留于地表，当达到一定程度时便形成土壤的次生盐碱化。灌溉引起的土壤次生盐渍化问题制约着内蒙古河套灌区农业的进一步发展，也制约着整个西北地区可持续发展和环境质量改善。因此，开展寒区水热盐运移对冬小麦生长影响的机理研究，对农业生产有十分重要的意义，并为防止土壤次生盐碱化提供依据。

长期以来，提高农田生产力一直是世界各国普遍关注的问题。寒冷盐渍化地区冬小麦生产的关键是水热盐，研究水热盐之间的互相关系，对于提高水分利用率和冬小麦产量具有重要意义。因此，本书拟通过田间水热盐耦合效应试验研究，分析水热盐耦合对冬小麦生理性状的影响，探讨水分高效利用的途径，建立盐分胁迫下的水热盐产量模型，寻找较优的耦合模式，揭示耦合机制。其成果对指导寒冷盐渍化地区冬小麦生产、不断增进作物农田有限水分的生产潜力将起到重要作用。

土壤水热盐运移规律的研究是目前土壤物理学、农田灌溉学研究的一个重要方面，也是防治盐碱化、改良盐渍土的核心问题，冻融期土壤水热盐运移是该研究领域的难点。土壤的冻融过程一方面改变了地表、植被与大气间的能量交换，另一方面改变了土壤自身的水力性质，直接影响其水分运移过程。土壤水分盐分在垂直剖面上的迁移与土壤冻融的关系十分密切，内蒙古河套灌区是典型的季节性冻土区，而冻土水盐运动的特殊规律与分配特性是影响河套灌区土壤盐渍化发生、发展和演变的重要因素。因此，土壤水热盐运移耦合效应对冬小麦生长的影响研究就显得尤为重要，具有重要的理论意义和现实意义。

目前国内外许多学者对有关水热盐运移规律进行了大量卓有成效的研究，但主要集中在非严寒地区。在我国西北干旱寒冷地区，降雨稀少，土壤蒸发强烈，土壤母质含盐，地下水位较高，存在着严重的次生盐渍化的潜在威胁，特别在节水条件下研究水热盐耦合机制就更加困难。因此，开展寒区冬小麦土壤水热盐耦合机理研究、制定不同灌溉管理措施条件下的水热盐耦合管理模式是河套灌区乃至整个西北寒区亟待解决的关键问题。

1.2　国内外研究现状

中国的干旱区面积占全国总面积的 1/3，盐碱土广泛分布于干旱区，土壤盐渍化和灌溉引起的土壤次生盐渍化问题是制约干旱区农业发展的主要原因。干旱、半干旱地区在强烈蒸发的条件下，土壤盐分或地下水可溶性盐类通过水的垂直或侧向运动向地表累积，这是土壤积盐过程最为普遍的形式，也是发生盐渍化的主要原因。现在，土壤盐渍化已成为一个世界性的问题，而要解决寒冷地区土壤的盐渍化问题，土壤水热盐运移机理的研究显得尤为重要。将水热盐耦合效应与作物生长相联系，则有着较大的实际意义。

1.2.1 水热盐运移规律研究

近年来，国内外学者开展了大量有关土壤水热盐方面的研究，特别是在水、热、盐两两结合的研究方面，无论是模型构建还是数值模拟都有深入的研究，但在水热盐耦合模拟方面进行的研究相对较少，其成果涉及水、汽、热、盐之间的部分相互耦合作用。下面对水盐、水热、盐热和水热盐的研究现状进行逐一分析。

（1）水盐关系。盐分作为土壤环境中主要的化合物之一，随着土壤水分的运动而迁移，可以说土壤水分是盐分迁移的重要载体，国内外学者对土壤水盐运移进行了大量的研究。自 Warrick 等（1971）把混合置换方程用于瞬态水流条件下的溶质运移问题以来，其数值模拟有了很大的发展，相继出现了各种等温条件下的水盐模型和模拟方法；杨金忠、张效先和王福利等对土壤水盐一维垂直剖面动态进行了模拟研究；左强、隋红建和任理等对二维饱和及非饱和土壤水盐运动进行了深入研究，以上研究都以等温条件为假设前提，且重点考虑水分的重力势和基质势、盐分的对流和弥散作用；王全九等（2001）根据膜下滴灌过程中土壤水盐运移特征，对利用膜下滴灌技术开发利用盐碱地的有关技术要素进行了深入探讨；吕殿青等（2002）通过室内盐碱土入渗模拟试验，针对盐碱土水盐运动的基本特征，分析了土壤盐分浓度分布规律，为盐碱地的开发利用提供了科学依据；胡安焱等（2002）进行了干旱内陆区土壤水分运移规律以及土壤盐分运移规律研究，并根据水量平衡和盐量平衡原理，建立了土壤水盐模型，计算了土壤水盐迁移量，对干旱内陆区土壤水盐运移规律做了初步研究；徐立刚等（2004）引入水分运动原理和质量守恒原理，根据地下水、土壤水盐运动的特点，建立土壤剖面含水量分布的概化模型和土壤盐储量的预报模型，所建简化数学模型可为田间大面积土壤水盐动态预测预报提供参考；李瑞平、史海滨等（2007）针对冻融条件下土壤水盐动态变化复杂的特点和数值求解在水盐动态研究中可操作性差的弱点，将神经网络引入冻融条件下水盐动态模拟及预报中。

（2）水热关系。水分和温度是土壤的两大重要因素，关于土壤中水分和温度的迁移规律很多学者进行了研究。许多试验和模拟结果表明，在土壤水分运动的数学模拟中，忽略土壤水力性质的温度效应将产生较大的预测误差。因此，非等温条件下的土壤水分运动逐渐受到重视和发展。张富仓等（1997）研究得出土壤水势温度系数随土壤质地加重而加大，随含水量增加而降低，脱湿过程的水势温度效应大于吸湿过程的相应数值；尚松浩和雷志栋（1998）根据冻土水热迁移基本方程，推导出了冻土水热耦合方程，并利用此模型对不同条件下越冬期的土壤冻融过程中水热迁移进行模拟，取得较好结果；王康（1999）建立了一个包括土壤层、塑膜覆盖物、植物冠层和大气边界层的系统，并根据 Philip 和 de Vires 提出的土壤水热运移耦合方程，开发了预测塑膜覆盖下土壤水热运移的一维模型，并采用该模型对土壤内水热传输进行模拟计算。李春友、任理等（2000）分别从等温和非等温水盐动态模拟以及覆盖边界层 3 个方面以秸秆覆盖条件下土壤水热盐耦合运动规律模拟研究为重点介绍了土壤水热数学模拟的研究成果；郑秀清（2001）采用包括水迁移和热对流迁移的水热耦合数值模拟模型，模拟了天然条件下土壤的季节性冻融过程以及其中的水热迁移规律。李学军（2007）采用水分运动基本方程并结合热流方程建立了冻融渠基水热耦合模型，利用差分法对冻结过程中渠基非饱和土壤水分运移进行了模拟计算。郭晓霞（2010）对不同耕作方式对土壤水热变化的影响进行了研究，得出土壤水分变化主要受季节影响、随秸秆覆盖和降雨量的变化而变化。郭东林（2010）采用 SHAW 模式对青藏高原中部季节冻土区土壤温、湿度进行了模拟，SHAW 模式能较好地模拟不同深度土壤的温度，模拟值与观测值的相关系数在 0.97 以上，平均偏差在 1℃以内，模拟的土壤湿度基本上能够再现土壤未冻水含量随时间的实际变化趋势。

（3）盐热关系。单纯研究盐热耦合运动的学者相对较少，Noborio 等（1993）通过室内土柱试验认为，土壤盐分浓度对土壤热导率的影响是明显的，土壤表现热导率随盐分浓度增加而降低的原因主要是由于盐分对土壤微结构的改变所致。邓力群等（2003）对冻期土壤的温度和盐分的变化规律进行了定量测定，并对其在裸地与地膜覆盖地的运动规律进行了比较，得到了冻土盐热运动的一些重要特性，冬季覆盖可提高土壤温度、减少土壤表层含盐量，提出了冬季覆盖是防春旱和土壤次生盐碱化的较为有效的途径。

（4）水热盐关系。近年来国内外对土壤水热盐运移问题进行了试验和数值模拟研究，并取得了有意义的成果。目前，对水热盐运移规律的研究方法主要有实验分析法和理论分析法。实验分析法是通过室内试验或田间试验进行冻融条件下的土壤水分、盐分、温度监测，然后分析它们的变化规律。理论分析法则是利用基本原理建立水热盐耦合迁移方程，进行数值模拟。Nassar 等（1992）对一维水汽热盐模型进行了包括水分梯度、温度梯度、溶质梯度作用下的水汽输送、热量传递和溶质运移以及盐析作用研究；黄兴法等（1993）对二维土壤冻结时水热盐运动进行了模拟研究，主要是考虑了冻结时的潜热交换；岳汉森等（1994）在土壤溶液冻结温度与其含量和溶盐离子组成的关系约束下，土壤在冻融过程中水热盐耦合运移进行了初探；范爱武、刘伟等（2002）对土壤温度和水分变化之间的关系作了深入研究，对土壤剖面水分和盐分的动态进行了模拟，揭示了土壤水分和盐分的关系；李毅等（2003）在覆膜非充分供水条件下，进行了滴灌入渗的三维水热盐运移试验，分析了润湿峰运移的函数特征和椭圆方程等；李瑞平、史海滨（2007）等开展了冻融期气温与土壤水盐运移特征的研究，得出了气温对土壤温度、水分和盐分影响关系；高龙、田富强（2010）对膜下滴灌棉田土壤水盐分布特征及灌溉制度进行了研究，通过对比分析研究了膜下滴灌条件下的土壤水、盐分布规律及其对棉花生长性状及最终产量的影响。

上述对寒冷地区土壤冻融过程中的水热盐运移规律的研究相对较少，而冻融引起土壤水盐运移是导致西北寒冷地区土壤盐碱化的主要原因之一，国际冻土学会主席 Pewe 教授指出，查明冻融过程中水盐迁移规律是防治土壤盐碱化的新途径；国内外对冻融土壤水热运动研究也多注重地基结冻隆起或防治水污染利用冻结析出技术处理溶质等方面，而在田间水热盐方面的研究则不多见。本书对寒冷地区盐渍化土壤水热盐耦合效应的机理进行系统的试验研究。

1.2.2　水热盐耦合效应对作物生理性状及产量的影响研究

土壤中的水热盐运移对作物的生长有着显著的影响，适宜的土壤水分、温度和含盐量

是促进作物生长的重要环境参数，不合适的土壤水分、温度和含盐环境明显延迟作物的生长。

（1）水热、水盐耦合效应对作物生理性状及产量的影响研究。从20世纪90年代许多学者就开始研究水盐、水热耦合效应对作物生理性状及产量的影响，并取得了较多研究成果。早期一些学者利用Hydrus模型来模拟作物生长条件下的一维水流、传质和热流，该模型考虑了水分和盐分胁迫下的根系吸水、吸盐和吸热作用；陈亚新、史海滨等（2004）对作物水盐的联合胁迫与响应模型进行了研究，得出了水盐耦合效应对作物生育指标和产量的影响关系；孔东、史海滨等（2004）开展了水盐联合胁迫对向日葵幼苗生长发育的影响研究；巨龙、王全九等（2007）研究了灌水量对半干旱区土壤水盐分布特征及冬小麦产量的影响，结果表明随着灌水量的增加边际土壤含水率先增大后减小，水分利用效率递减，土壤表层含盐量先减小后增加；郭家选等（2008）研究了干旱状况下小区域灌溉冬小麦农田生态系统水热传输特性；王建东、龚时宏等（2008）进行了华北地区滴灌灌水频率对春玉米生长和农田土壤水热分布的影响研究，结果表明土壤温度受灌水过程、土壤含水率及作物生育阶段的影响较明显；邓洁、陈静等（2009）对灌水量和灌水时期对冬小麦耗水特性和生理特性的影响研究表明土壤水分过多或不足都会对冬小麦的产量和水分利用效率造成影响，灌水时期的不同也会对冬小麦产量产生影响；张胜全、方保停等（2009）研究了春灌模式对晚播冬小麦水分利用及产量形成的影响；张宇、张海林等（2009）开展了耕作措施对华北农田CO_2排放影响及水热关系分析研究，结果表明不同耕作措施对农田土壤温度及土壤含水率具有显著的影响。

（2）水热盐耦合效应对作物生理性状及产量的影响研究。由于影响作物生理性状及产量的诸多因素中，水、热、盐均起着重要的作用，三者对作物生理性状及产量的影响是相互制约、密不可分的关系。水分不足会降低作物的产量，土壤温度偏低既降低作物的产量，又限制作物对水分的吸收，土壤温度和水分的变化反过来又影响着盐分的运移，进而影响作物的生长。因此，水、热、盐与作物生长存在着较为复杂的相互关系，而目前水热盐耦合效应对作物生理性状及产量的影响研究尚少。李春友、任理等（2000）以土壤水热盐耦合运动规律模拟研究为重点介绍了土壤水热盐数学模拟的研究成果，并简要论述了水热盐耦合效应的发展方向；邓力群、陈铭达等（2003）通过地面覆盖对盐渍土水热盐运动及作物生长的影响研究，得出覆盖对盐渍土有很好的保温增温效果和一定的保水抑盐作用的结论；周剑、王根绪等（2008）通过对高寒冻土地区草甸草地生态系统的能量水分平衡分析，考虑了积雪、植被覆盖及枯枝落叶层对土壤冻融影响的水热盐耦合模型，得出青藏高原地区间的能量交换受冻土、植被生长和地表土壤含水量影响的结论。

综上所述，随着近年来科学技术出现的重大突破，节水农业大量借助于土壤水动力学、植物生理学、冻土学等理论和现代数学方法及计算模拟手段，从整体上来考虑水、热、盐和作物间的相互关系。目前，水热盐耦合效应的机理研究尚不深入，对于寒冷地区盐渍化土壤的水热盐耦合效应及对作物的影响研究还是空白。有必要在学科前沿进行深入探讨，为干旱寒冷地区土壤盐渍化防治和农业的可持续发展提供技术支撑。

1.3　研究内容和目标

1.3.1　研究内容

内蒙古河套灌区作为全国三大灌区之一，地处干旱寒冷地区，年均降水量为138mm，年均蒸发量为2096mm，盐渍化土地占耕地面积的50%以上。根据黄河委员会对水量的统一调度，河套灌区的引水量将逐年减少，因此相对缺水、寒冷和盐渍化问题是制约河套灌区可持续发展的主要因素。本书针对寒冷地区盐渍化土壤的水热盐耦合效应及对冬小麦的影响，在土壤水动力学、植物生理学和冻土学等多学科交叉基础上进行了深入研究。

1. 冬小麦品种引选及复种模式研究

河套灌区为北方典型的干旱寒冷地区，不同于黄淮海传统冬小麦种植区，需开展耐寒冬小麦新品种的引选和种植发展模式的探索。

（1）适宜于河套灌区的冬小麦品种引选研究。

（2）冬小麦安全越冬种植技术研究。

（3）冬小麦复种发展模式研究。

2. 水热盐运移规律研究

土壤水热盐的传输过程受一系列因素的影响，单凭试验难以揭示这一复杂过程的机理和本质，根据测定的各项参数，结合建立的数学模型对土壤水热盐传输过程进行模拟研究，是了解各自运动规律的重要手段。

（1）采用室内和田间试验相结合的方法测定不同含盐土壤冻融条件下的土壤水分运动参数。

（2）针对灌区干旱、寒冷、盐渍化较为严重及种植冬小麦的特点，选定SVAT系统通量模型中较有代表性的SHAW（Simultaneous Heat and Water）模型开展水热盐耦合效应研究；SHAW模型既可以模拟常态下的水热盐运移，也可用于模拟土壤冻结和融化过程，包括作物覆盖层和积雪在内的一维剖面上的水量、热量和溶质通量的传输交换，该模型的优点在于对系统各层结构之间的物质能量传输的物理过程有清晰的数学描述，对土壤冻结和融化有详细的描述，对多种作物冠层中蒸腾作用和水汽传输有成熟的模拟过程。

（3）根据建立的SHAW模型对不同试验处理条件下冬小麦各生育期的水热盐运移规律进行研究。

3. 水热盐耦合效应对冬小麦的影响研究

（1）土壤水分、温度和盐分对作物的综合效应是通过植物体本身的复杂生理过程而起作用的，植物生理性状是水热盐耦合效应的间接反映。研究不同处理条件下（4个灌水水平、3个覆盖状况、2个土壤盐渍化程度）的水热盐耦合效应，及对冬小麦返青率、分蘖率、叶面积指数和株高茎粗等的影响。

（2）在节水农业条件下，产量和水分利用效率是作物生产所追求的两个重要目标，干旱盐渍化地区的水资源匮乏，提高水分利用效率的任务更为紧迫，在节水灌溉条件

下，适宜的土壤温度和盐分，能够使水分得到更有效的利用。在研究冬小麦不同处理条件下各生育期的耗水特性的基础上，建立水热盐产量和水分利用效率函数，并探讨在不同土壤盐渍化程度和覆盖条件下的优化灌溉制度，以获得理想的产量和水分利用效率。

4. 基于水热盐耦合效应的冬小麦优化灌溉管理模式研究

在盐渍化程度一定的条件下，土壤中的水热分布状况主要取决于灌溉制度及田间所采取的管理措施。根据冬小麦各生育期的水热盐运移规律，系统分析干旱、寒冷、盐渍化地区冻融期及常态条件下土壤-作物-大气系统的水分传输机理，以产量、土壤含盐量变化和水分利用效率为目标合理调控，确定冬小麦在不同盐渍化土壤条件下的最优灌溉管理模式。

1.3.2 研究目标

在开展耐寒冬小麦新品种引选和种植发展模式探索的基础上，通过冬小麦不同处理的田间对比试验和不同含盐土壤冻融条件下土壤水分运动参数的测定，利用SHAW模型研究寒冷地区盐渍化土壤水热盐运移规律，揭示寒冷地区盐渍化土壤水热盐耦合机理；分析水热盐耦合效应对冬小麦生理性状的影响，建立水热盐产量和水分利用效率函数，并通过调控冻融期及常态条件下的SPAC系统和优化冬小麦的灌溉制度，最终确定冬小麦在不同盐渍化土壤条件下的最优灌溉管理模式，成果将为干旱、寒冷、盐渍化地区冬小麦种植提供技术支撑。

1.4 研究区概况与试验设计

1.4.1 试验区概况

1. 地理位置

项目在内蒙古巴彦淖尔市农牧业科学研究院园子渠试验站开展，试验区位于河套灌区中上游的巴彦淖尔市杭锦后旗陕坝镇春光二队，地理坐标为东经107°26′20″，北纬40°50′54″，属永济灌域上游。试验区的气候、土壤和水盐等状况在河套灌区均具有较好的代表性。

2. 气象

试验区属于典型的温带大陆性干旱气候，冬季漫长而寒冷，夏季短促而炎热，降水量稀少，蒸发强烈，干燥多风，昼夜温差大。多年平均降水量为144.2mm，且年内分配极不均匀，由于受季风的影响，降雨分配极不均衡，主要集中在7—9月，占全年降水量的70%；降雨量年际间变化较大，最大235.4mm，最干旱年份为56.3mm。年平均蒸发量为2434.7mm；年平均日照时数为3180h，平均气温为7.8℃，大于10℃的积温为3200h；全年无霜期150天，约占全年总天数的41%。土壤冻结始于每年的10月下旬，冻土层厚度为1.0～1.3m，5月上旬冻层全部消融，冻融历时170天左右。

3. 土壤

试验区属黄河河套湖相沉积区，土壤为灌淤土。试验区1m深土壤类型均分为两层，上层 0～40cm 为粉壤土，土壤容重 1.42g/cm^3，田间持水率 37.50%；下层大于 40～100cm 为粉土，土壤容重 1.40g/cm^3，田间持水率 38.75%。冬小麦播种时测定试验区土壤的全盐质量分数为 0.3265g/kg，为轻度含盐土壤。

4. 水文地质

试验区在地质构造上属河套断陷盆地，断陷时代始于侏罗纪晚期，至今沉积了巨厚的第四系地层。据物探资料显示，第四系地层厚度超过 1km，且呈现出北部沉陷幅度大于南部地区的趋势。含水层为全新统—上更新统冲湖积孔隙潜水，表层为黏性土层，由砂壤土、壤土和黏土组成，厚度一般为 3～5m，分布不连续。含水层岩性上部以黄色、灰黄色细砂、中细砂、细中砂为主，结构松散，分选均匀，厚度为 23～42m，其间偶夹 1～2 层薄层黏土或砂壤土，厚度一般小于 2m；下部以黄灰、灰色细砂、粉细砂、细粉砂或粉砂为主，厚度为 18～36m，其间夹 2～3 层薄层黏性土透镜体，厚度小于 3m。

试验区地下水埋深一般在 1.5～2.0m 内，主要靠引黄灌溉水的入渗补给，其次为大气降水入渗补给，上游地下径流也是补给来源之一。地下水由西南向东北流动，区内地下水水力坡度一般在 0.2‰，地下径流缓慢，地下水排泄以垂直蒸发为主。地下水水化学类型为 $HCO_2 \cdot SO_4 \cdot Cl - Ca \cdot Na \cdot Mg$ 型，矿化度小于 1.0g/L，为淡水区；pH 值在 7.0～8.5 之间，总硬度为 158～618mg/L。

1.4.2　试验方法

采用室内试验、田间试验和模型模拟相结合的方法，开展河套灌区冬小麦品种引选、土壤水热盐耦合效应对冬小麦生理指标、产量和水分利用效率的影响研究。田间试验在内蒙古巴彦淖尔市农牧业科学研究院园子渠试验站开展，室内试验在内蒙古农业大学进行。

1.4.3　试验设计

1. 品种引选试验设计

试验采用单因素随机区组设计，3 次重复，小区面积为 10.5m×1.5m=15.75（m^2），行距为 15cm，区距为 30cm，排间走道为 50cm，地两边设 3～5m 的保护区。优良新品种展示通常不设重复，或设计不同地点间的重复，在进一步验证品比结果的同时，也进行品种的适应性及可靠性检验。小区面积为 2.2m×45m=99（m^2），区间走道为 50cm，地两边设 3～5m 的保护区。

播种量按品种千粒重、发芽率、净度及田间损失，折合 55 万粒/亩有效种下籽。全生育期按其生育进程对物候期、基本苗数、冬前总茎数、冬后返青率、亩穗数、抗病性等项进行了详细调查记载。成熟后按小区对角线取样风干后考种。试验小区人工收割、脱粒、晾晒后称重计产，最后进行室内考种及资料汇总。

2. 水热盐耦合效应试验设计

试验采用灌水水平、覆盖状况和盐分水平 3 个因子，灌水水平设 4 个，包括 1 个充分灌溉和 3 个非充分灌溉。充分灌溉的灌水日期和灌水定额根据测定的土壤含水率、土壤容重、适宜含水率上下限、田间持水率等确定。本试验的非充分灌溉方案是指从冬小麦越冬至返青阶段按土壤含水率降低至适宜含水率下限的百分比不同分为轻度、中度和重度受

旱，具体情况分别如下：

（1）轻度受旱情况下，灌溉方案为：土壤含水率降低到适宜含水率下限的85%时进行灌溉，灌至适宜含水率上限。

（2）中度受旱情况下，灌溉方案为：土壤含水率降低到适宜含水率下限的70%时进行灌溉，灌至适宜含水率上限。

（3）重度受旱情况下，灌溉方案为：土壤含水率降低到适宜含水率下限的60%时进行灌溉，灌至适宜含水率上限，返青后各处理均按充分灌溉施行。

覆盖状况分3种类型，即无覆盖、地膜覆盖和秸秆覆盖。盐分水平为轻度和中度，田间试验采用3因子4水平正交组合设计，共计24个处理，每个处理3次重复。

图1.1所示为轻度盐分处理试验区布置，小麦轻度盐分处理每个小区规格为3.0m×2.0m，横向隔离带宽1.0m，纵向0.5m，总面积为23m×15m=345（m^2）。轻度盐分试验共计12个处理3次重复，共计36个试验小区。

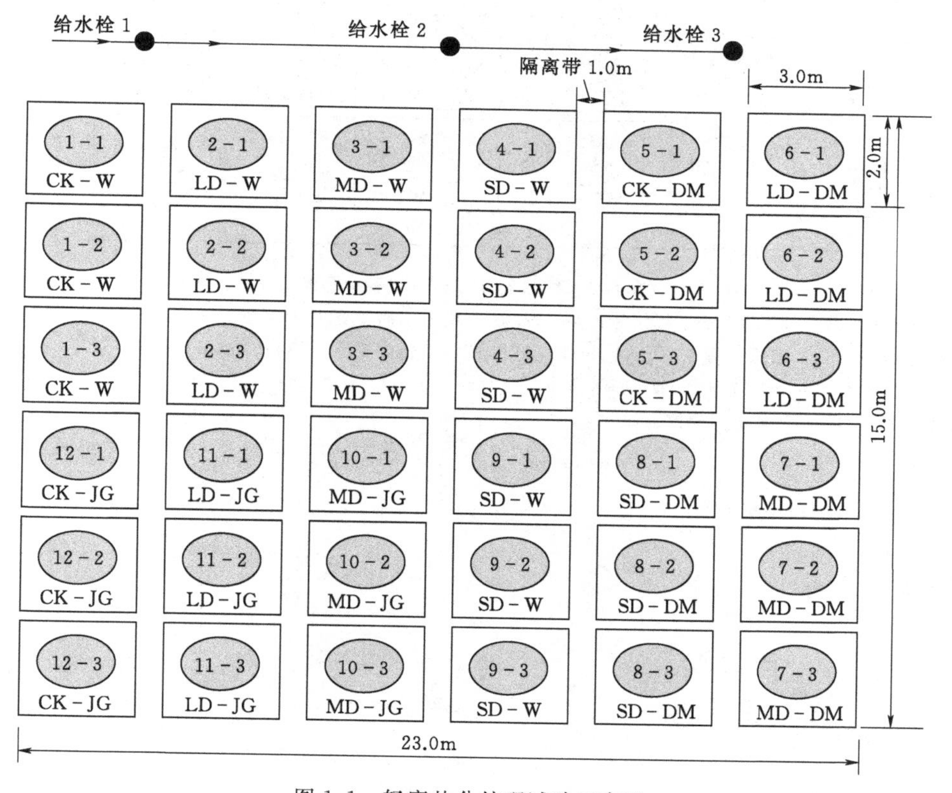

图1.1 轻度盐分处理试验区布置

注：每个小区规格为3.0m×2.0m，横向隔离带宽1.0m，纵向0.5m，总面积为23m×15m=345（m^2）。对照处理（control check，简称CK），轻度受旱（light drought，简称LD），中度受旱（moderate drought，简称MD），重度受旱（severe drought，简称SD）；无覆盖（简称W），地膜覆盖（简称DM），秸秆覆盖（简称JG）。

图1.2所示为中度盐分处理试验区布置，小麦中度盐分处理每个小区规格为3.0m×2.0m，横向隔离带宽1.0m，纵向0.5m，总面积为23m×15m=345（m^2）。中度盐分试验共计12个处理3次重复，共计36个试验小区。

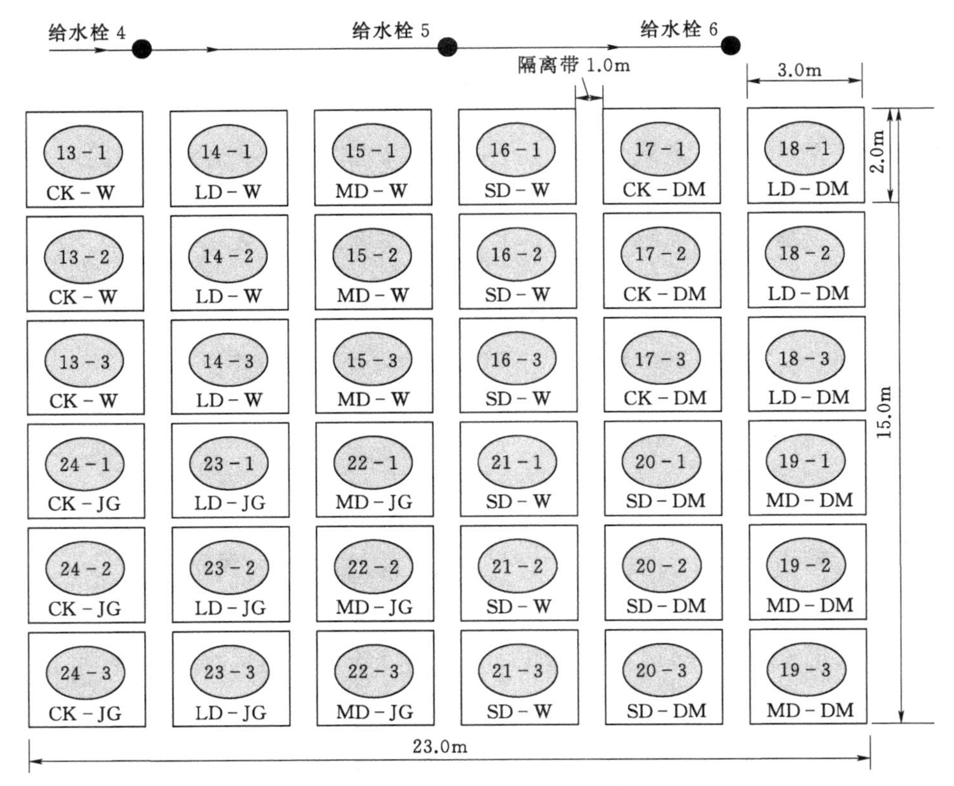

图 1.2　中度盐分处理试验区布置

注：小麦中度盐分处理每个小区规格为 3.0m×2.0m，横向隔离带宽 1.0m，纵向 0.5m，总面积为 23m×15m＝345（m^2）。对照处理（control check，简称 CK），轻度受旱（light drought，简称 LD），中度受旱（moderate drought，简称 MD），重度受旱（severe drought，简称 SD）；无覆盖（简称 W），地膜覆盖（简称 DM），秸秆覆盖（简称 JG）。

第2章　河套灌区冬小麦品种引选及复种模式

2.1　河套灌区冬小麦品种引选

巴彦淖尔市农牧业科学研究院从1996年在河套灌区开始引进冬小麦，通过春化后作为亲本材料用于新品种选育；2007年开始进行冬小麦北移，在河套地区采用常规模式种植冬小麦。

近年来累计从加拿大农业及农业食品部、乌克兰国家农业科学院、中国农业科学院、中国农业大学、山东省农业科学院、宁夏农林科学院、泰安农业科学院、新疆农业科学院、石家庄农林科学研究院等国内外科研院所及高校广泛引进冬小麦材料220余份。引进的材料进行扩繁、鉴定、评价，将表现良好的品种放入下一生长季进行品鉴试验，品鉴试验表现特好的品种在下一生长季进行冬小麦品种展示，同时利用引进材料作为亲本，进行冬小麦选育。

1. 2007—2008年试验成果

2007—2008年度引进4个冬小麦品种进行品比试验，明确了河套灌区种植冬小麦的可能性，4个品种亩产均在450.00kg以上，表现较好的是京冬8号和宁冬326，亩产分别达到532.12kg和564.96kg。

2. 2008—2009年试验成果

2008—2009年度进行了京冬8号和宁冬326的优良新品种展示，京冬8号亩产493.24kg，宁冬326亩产539.29kg。并进行了14个品种的品比试验，有两个品种亩产超过550.00kg，分别是：石麦15亩产564.88kg；宁冬11号亩产564.48kg；8个品种亩产超过500.00kg，10个品种亩产在450.00kg以上，3个品种亩产在400.00kg以下。

3. 2009—2010年试验成果

2009—2010年度进行了27个品种的品比试验，宁冬11号、轮选987、DF547、中麦22、DF526等品种抗寒旱性表现较好。

4. 2010—2011年试验成果

2010—2011年度进行了55份材料的品比试验，包括从乌克兰国家农业科学院引进的11份冬小麦材料，因气候及栽培措施因素导致品比试验没有实际结果，仅部分材料进行了收获保存。

5. 2011—2012年试验成果

2011—2012年度引进了10个冬小麦品种，由于地表干旱，浇返青水后，地未消通又不能及时将水排出，麦苗大都水淹窒息；其中新冬32、新冬22、京冬22、宁冬11号返青较其他品种好。

6. 2012—2013年试验成果

2012—2013年度进行的宁冬11号试验田亩产546.94kg。

7. 2013—2014 年试验成果

2013—2014 年度覆膜穴播种植新冬 42、京冬 8 号、宁冬 11 号亩产分别达 453.13kg、425.00kg、555.93kg。

8. 2014—2015 年试验成果

2014—2015 年度引进了 10 个冬小麦品种，采用覆膜穴播种植模式后，冬小麦越冬能力有了较大提高，常规冬小麦主产区的优秀品种如周麦 26、济麦 22、鲁原 502、石优 20、泰科麦系列、北部冬小麦区中国农业科学院的 CA 系列预估产量均超过 550.00kg，较对照宁冬 11 号增产均超过 10%。

9. 2015—2016 年试验成果

2015—2016 年度引进了国内冬小麦种植区、加拿大农业与农业食品部等 10 个小麦品种，部分品种由于种植地势低，秋浇后积水多，抗性不强，越冬返青不好，多数品种返青率不足 50%，加拿大的材料由于地域差异导致产量表现较差，仅可作为亲本材料使用。

利用引进的材料大量配置冬-冬、冬-春小麦杂交组合。在引进冬小麦品种的同时进行着冬小麦新品种选育，利用冬小麦进行的冬-春小麦杂交为河套地区及整个春麦区的春小麦新品种选育极大地拓宽了变异来源，提供了许多优良性状。表 2.1 为近年来巴彦淖尔市农业科学院部分引选冬小麦品种。

表 2.1　近年来巴彦淖尔市农业科学院部分引选冬小麦品种

品种名称	品种来源	品种名称	品种来源	品种名称	品种来源
宁冬 326	宁夏农林科学院	中优 9507	中国农业科学院	淄麦 29	泰安农业科学院
宁冬 10 号	宁夏农林科学院	中作 8131	中国农业科学院	淄麦 28	泰安农业科学院
宁冬 11 号	宁夏农林科学院	中优 9843	中国农业科学院	泰山 28	泰安农业科学院
明丰 5088	宁夏农林科学院	京冬 8 号	中国农业科学院	泰山 27	泰安农业科学院
宁 9361	宁夏农林科学院	CA0045	中国农业科学院	泰山 22	泰安农业科学院
02AW5012	宁夏农林科学院	CA0627	中国农业科学院	泰山 21	泰安农业科学院
08 冬-57	宁夏农林科学院	中优 206	中国农业科学院	良星 99	泰安农业科学院
冬育 1 号	宁夏农林科学院	中麦 175	中国农业科学院	良星 77	泰安农业科学院
冬育 2 号	宁夏农林科学院	CA0493	中国农业科学院	潍 73308	泰安农业科学院
新冬 28	新疆农业科学院	CA0175	中国农业科学院	潍 62286	泰安农业科学院
新冬 32	新疆农业科学院	CA0818	中国农业科学院	莱州 137	泰安农业科学院
新冬 18	新疆农业科学院	CA1062	中国农业科学院	烟 5286	泰安农业科学院
新冬 22	新疆农业科学院	京华 9 号	中国农业科学院	烟农 999	泰安农业科学院
新冬 17	新疆农业科学院	京冬 22	中国农业科学院	齐都 5 号	泰安农业科学院
新冬 42	新疆农业科学院	京冬 17	中国农业科学院	齐丰 2 号	泰安农业科学院
石 03Y119	石家庄农林科学研究院	京冬 18	中国农业科学院	烟 5280	泰安农业科学院
石家庄 8 号	石家庄农林科学研究院	周麦 16	中国农业科学院	泰麦 1918	泰安农业科学院
石麦 15	石家庄农林科学研究院	周麦 18	中国农业科学院	鲁麦 18	泰安农业科学院

续表

品种名称	品种来源	品种名称	品种来源	品种名称	品种来源
石优 17	石家庄农林科学研究院	周麦 20	中国农业科学院	YX11－57	泰安农业科学院
石优 20	石家庄农林科学研究院	周麦 26	中国农业科学院	泰科麦 7037	泰安农业科学院
石麦 16	石家庄农林科学研究院	唐麦 8 号	中国农业科学院	黑粒 1 号	泰安农业科学院
石 7388	石家庄农林科学研究院	保麦 10 号	中国农业科学院	冀糯 200	泰安农业科学院
藁城 8901	石家庄农林科学研究院	邯麦 13	中国农业科学院	济 7251	泰安农业科学院
08－2012	石家庄农林科学研究院	衡 4399	中国农业科学院	汶农 19	泰安农业科学院
08－2019	石家庄农林科学研究院	洲元 9369	中国农业科学院	汶农 18	泰安农业科学院
08－2028	石家庄农林科学研究院	烟农 19 号	中国农业科学院	汶农 15	泰安农业科学院
08－2033	石家庄农林科学研究院	临麦 2 号	中国农业科学院	泰农 18	泰安农业科学院
08－2039	石家庄农林科学研究院	鲁麦 23 号	中国农业科学院	泰农 19	泰安农业科学院
08－2045	石家庄农林科学研究院	轮选 987	中国农业科学院	山农 23	泰安农业科学院
08－2046	石家庄农林科学研究院	轮选 1556	中国农业科学院	山农 22	泰安农业科学院
08－2051	石家庄农林科学研究院	DF529	中国农业科学院	山农 17	泰安农业科学院
08－2055	石家庄农林科学研究院	DF547	中国农业科学院	山农 15	泰安农业科学院
08－2059	石家庄农林科学研究院	DF412	中国农业科学院	山农 12	泰安农业科学院
08－2068	石家庄农林科学研究院	DF581	中国农业科学院	临麦 4 号	泰安农业科学院
08－2069	石家庄农林科学研究院	DF526	中国农业科学院	临麦 7 号	泰安农业科学院
08－2078	石家庄农林科学研究院	518T50	中国农业科学院	临麦 8 号	泰安农业科学院
08－2083	石家庄农林科学研究院	6678	中国农业科学院	临麦 9 号	泰安农业科学院
08－2097	石家庄农林科学研究院	中优 9507	中国农业科学院	FC009	泰安农业科学院
08－2099	石家庄农林科学研究院	CA0759	中国农业科学院	中优 14	泰安农业科学院
08－2104	石家庄农林科学研究院	W135	中国农业科学院	糯白 1	泰安农业科学院
08－2105	石家庄农林科学研究院	CA0335	中国农业科学院	淄黑 1 号	泰安农业科学院
08－2136	石家庄农林科学研究院	藁 2018	中国农业科学院	周黑麦 1 号	泰安农业科学院
济麦 22	泰安农业科学院	津 0483	中国农业科学院	农大 3753	泰安农业科学院
泰山 4173	泰安农业科学院	良兴 66	中国农业科学院	农大 3588	泰安农业科学院
泰山 9818	泰安农业科学院	济麦 20	中国农业科学院	山农紫麦	泰安农业科学院
泰山 23	泰安农业科学院	冀师 02－1	中国农业科学院	黑粒 2 号	泰安农业科学院
泰科麦 40427	泰安农业科学院	中麦 22	中国农业科学院	济麦 262	山东省农业科学院
山农 21	泰安农业科学院	CA0734	中国农业科学院	济麦 44	山东省农业科学院
山农 6248	泰安农业科学院	58T50	中国农业大学	济麦 229	山东省农业科学院
山农 2742	泰安农业科学院	09 鉴 49	中国农业大学	济麦 23	山东省农业科学院
聊麦 18	泰安农业科学院	农大 408	中国农业大学	济麦 72	山东省农业科学院

续表

品种名称	品种来源	品种名称	品种来源	品种名称	品种来源
鲁原 502	泰安农业科学院	09 冬 57	中国农业大学	济麦 67	山东省农业科学院
烟农 2415	泰安农业科学院	05 - 6121	中国农业大学	济麦 55	山东省农业科学院
烟农 5158	泰安农业科学院	西农 189	西北农林科技大学	济麦 66	山东省农业科学院
wy - 01	乌克兰国家农业科学院	西农 323	西北农林科技大学	济麦 60	山东省农业科学院
wy - 02	乌克兰国家农业科学院	西农 165	西北农林科技大学	济麦 58	山东省农业科学院
wy - 03	乌克兰国家农业科学院	小偃 6 号	西北农林科技大学	济麦 53	山东省农业科学院
wy - 04	乌克兰国家农业科学院	西农 979	西北农林科技大学	济麦 52	山东省农业科学院
wy - 05	乌克兰国家农业科学院	石 01 - 5	河北省农林科学院	济麦 24	山东省农业科学院
wy - 06	乌克兰国家农业科学院	邯 4564	河北省农林科学院	济麦 19	山东省农业科学院
wy - 07	乌克兰国家农业科学院	邯 6172	河北省农林科学院	济麦 20	山东省农业科学院
wy - 08	乌克兰国家农业科学院	优麦 2 号	山东农业大学	济南 17	山东省农业科学院
wy - 09	乌克兰国家农业科学院	优麦 3 号	山东农业大学	石优 17	石家庄农林科学研究院
wy - 10	乌克兰国家农业科学院	矮抗 66	山东农业大学	藁优 5218	石家庄农林科学研究院
wy - 11	乌克兰国家农业科学院	矮抗 68	山东农业大学	甘 P6172	石家庄农林科学研究院
AC Barrie	加拿大农业及农业食品部	济麦 3 号	山东农业大学	怀川 11	河南怀川种业
AC Crystal	加拿大农业及农业食品部	济麦 22	山东农业大学	怀川 916	河南怀川种业
Bellatrix	加拿大农业及农业食品部	三连冠	山东农业大学	津 07006	天津市农业科学院
Norstar	加拿大农业及农业食品部	鲁农 116	山东农业大学	津 078426	天津市农业科学院
Radiant	加拿大农业及农业食品部	丰泰 58	山东农业大学	津 07214	天津市农业科学院
Broadview	加拿大农业及农业食品部	铁杆大穗王	山东农业大学	陕优 225	陕西省农业科学院
Readymade	加拿大农业及农业食品部	175	山东农业大学	小偃 93166	陕西省农业科学院
Superb	加拿大农业及农业食品部	武川小红麦	山东农业大学	陕 T601	陕西省农业科学院
Flourish	加拿大农业及农业食品部	长 4738	山西省农业科学院谷子研究所	陕农 757	陕西省农业科学院
Sadash	加拿大农业及农业食品部	长 6452	山西省农业科学院谷子研究所		

2.2　冬小麦安全越冬种植技术研究

通过对冬小麦品种引选及极端气候条件下冬小麦试验情况与气候条件进行相关分析后认为：正常条件下可以选用的冬小麦品种较为丰富，但是在极端气候条件下，几乎没有可以在常规栽培措施下越冬的品种。河套地区冬小麦种植推广的关键问题是如何保证在极端气候条件下冬小麦安全越冬保苗。根据前期播种期、播种密度、播种深度及播种方式等方面的研究结果进行的覆膜试验研究结果认为，覆膜穴播是较好的解决冬小麦安全越冬的方式，但由于采用人工滚筒穴播效率低下，难以大面积应用于生产。2013—2014 年进行覆

膜穴播生产示范的同时也完成了覆膜穴播机械的研制。2014—2015年采用覆膜穴播机进行大面积生产试验并对覆膜穴播机械进行了改进，提高了播种效率。2015年由巴彦淖尔市科技局组织专家组对巴彦淖尔市农牧业科学研究院实施的冬小麦覆膜穴播保苗及后茬复种高效种植模式研究项目进行了田间鉴定，专家组给予项目较高评价，认为该项技术切实有效地提高了冬小麦的返青率、成穗率和产量。

1. 播种期研究结果分析

2007—2008年进行了2因素4水平裂区设计的不同品种的不同播种期试验。2009—2010年采用随机区组设计，试验选用3个强冬性品种，选取9月20日、9月25日、9月30日、10月5日等4个播种日期，进行了冬小麦的播期试验。2010—2011年采用大区对比试验设计，选用强冬性品种宁冬11号，4个播种时期，即9月18—30日每4～5天为一个播种期进行了较大面积的播种期试验。2012—2013年试验采用裂区设计，播种期作为主区，品种为副区，3次重复，共54个试验小区。试验设品种和播种期两个因素。品种采用强冬性品种宁冬11号和春性小麦永良4号两个品种；播种期设14/9起每5天一个水平，共5个水平，以正常春播3月15日作为对照。

播期试验从不同品种不同播种期来探讨冬小麦在我市种植的可能性及适宜的播种时间，到面积较大的大区对比试验进一步验证播种时间，再到比较复杂的冬春小麦不同播种期试验，系统研究了冬、春小麦品种不同秋季播种期对种子萌发、出苗、越冬、返青等生长发育过程及产量产生的影响。确定在河套地区种植冬小麦较为适宜的时间为9月20日前后，根据气候条件适当提前或推后，保证冬前不旺长，冬后快返青。

2. 播种量研究结果分析

2009—2010年采用随机区组设计，选用强冬性品种宁冬11号、石麦15号。选取种植密度6个，即25～50万/亩，每5万/亩为1梯度，3次重复。2010—2011年采用大区对比试验设计，选用强冬性品种：宁冬11号。选取4个种植密度，即20～35kg/亩，以5kg/亩为1梯度。同年还进行了宁冬11号高产优质两因素栽培技术试验，试验采用两因素裂区设计，施氮量为主区，密度为副区，其中施氮量（A）设4个水平，即纯氮225kg/hm^2、300kg/hm^2、375kg/hm^2、450kg/hm^2，分别用A_1、A_2、A_3、A_4表示；密度（B）设5个水平，即540万/hm^2、600万/hm^2、660万/hm^2、720万/hm^2、780万/hm^2，分别用B_1、B_2、B_3、B_4、B_5表示，设3次重复，共60个小区。试验使用P_2O_5 345kg/hm^{2}与K_2O 300kg/hm^{2}做底肥。

试验从简单的两个品种的不同密度梯度探讨冬小麦在我市种植的适宜播量，到经过调整播量设计的面积较大的大区对比试验，再到播量与肥料互作的双因素试验，较为深入地研究了河套地区种植冬小麦的播量，并分析了与肥料互作条件的适宜播量。返青率和产量均是随着播量的增加而增加，说明在一定程度上，密度大的抗冻能力强，但是达到一定播量后，基本达到最高点，即增加播量后产量与返青率均不增加。最终确定25kg/亩左右为经济播量，既能保证冬小麦群体足够大，又不致浪费种子，在环境条件良好的情况下也可适当降低播种量。

3. 播种深度研究结果分析

2009—2010年采用随机区组设计，选取3cm、5cm、7cm 3个播种深度，4个强冬性品种，进行播深试验。2010—2011 年采用大区对比设计，选用宁冬 11 号强冬性品种，3cm、5cm、7cm 3 个播种深度，进行试验。

通过 4 个品种 3 个深度的随机区组试验及大区对比试验，研究了河套地区种植冬小麦的最适播种深度为 5cm，既能保证苗壮、苗全，也能保证根系下扎，顺利越冬。

4. 播种方式研究结果分析

2009—2010 年采用随机区组设计，选用石麦 15 号、宁冬 10 号、中优 20－6、宁冬 11 号 4 个品种，设置平播（对照）、沟播、覆膜穴播 3 种处理，进行了人工播种方式的研究。2010—2011 年试验采用大区对比设计，选用宁冬 11 号强冬小麦品种，设置常规条播、免耕条播两种机械播种处理。

从不同的人工播种方式研究到不同的机械播种方式研究，均是以将河套地区冬小麦研究水平提升到可以保证冬小麦推广为目的的。2009—2010 年提出的覆膜穴播技术成为河套地区冬小麦安全越冬的关键技术，2010—2011 年提出的免耕条播也是保护性耕作保证冬小麦越冬技术的重要措施。2009—2010 年试验结果认为 3 个品种都是平播不如沟播，沟播不如覆膜播种，且覆膜播种较平播、沟播有极显著增产。冬小麦地膜覆盖后，既可保水增温，又可以灭草，但人工覆膜播种费工费事，还有待进一步研究。2010—2011 年极端气候条件下，保护性耕作措施种植的冬小麦成功越冬，且产量比选择性保留的常规耕作高 10%以上。

5. 覆膜穴播安全越冬保苗技术研究结果分析

试验选用石麦 15 号、宁冬 10 号、宁冬 11 号、中优 206 四个品种，设置平播（对照）、沟播、覆膜穴播 3 种处理，采用随机区组设计，3 次重复，小区面积为 6m×0.2m×9m＝10.8（m^2）。田间双排式排列，排间走道 50cm，地两边设保护区 3～5m。参试品种的小区播种量按品种千粒重、发芽率、净度、田间损失折合 40 万粒/亩有效种下籽。试验 25/9 播种，播前施二铵 20kg/亩。产量结果见表 2.2。

表 2.2　冬小麦不同播种方式试验产量结果

品　种	种植方式	小区产量/(kg/10.8m^2)			小区合计/(kg/10.8m^2)	小区均产/(kg/10.8m^2)	折合亩产/(kg/亩)
		Ⅰ	Ⅱ	Ⅲ			
宁冬 10 号	平播	2.80	2.40	2.50	7.70	2.57	158.44
	沟播	3.50	3.70	3.60	10.80	3.60	222.23
	覆膜穴播	6.70	6.40	6.60	19.70	6.57	405.37
宁冬 11 号	平播	4.07	4.03	4.14	12.24	4.08	251.86
	沟播	4.23	4.36	4.33	12.92	4.31	265.86
	覆膜穴播	7.01	7.99	7.03	22.03	7.34	453.31
石麦 15 号	平播	3.88	3.65	3.74	11.27	3.76	231.90
	沟播	4.11	3.99	4.23	12.33	4.11	253.72
	覆膜穴播	6.71	6.85	6.88	20.44	6.81	420.60

（1）平播。人工播种，播深 5cm，播后耧平，行距 20cm。

（2）沟播。人工先开沟 10cm，除去覆土形成垄，然后在沟底再开沟 3cm，进行人工

溜籽播种，播种后覆土2～3cm，用脚踏实。行距20cm。

(3) 覆膜穴播。先铺好地膜，播种时人工打孔穴播，行距20cm，穴距10cm，每穴10～12粒种子，覆土2～3cm。

从冬小麦不同播种方式试验产量结果表可以看出，无论是哪个品种，其覆膜穴播模式较常规平播均能大幅提高产量。从宁冬11号返青后考苗情况看，覆膜穴播不仅在增产方面效果明显，对增强抗冻性、提高返青率效果明显。

2010—2011年选用宁冬11号，利用9行条形播种机进行条播种植，而后选用规格为0.008cm厚、1.7m宽的地膜进行铺膜覆盖，边缘覆土2～3cm，然后用手捺实，试验占地4.5亩，折合亩产447.44kg。考种结果是：株高78.9cm，穗长10.5cm，结实小穗16.5个，穗粒数31.5粒，穗粒重2.4g，千粒重50.3g，容重793g/mL，基本苗48.3万苗/667m^2，出苗率96.6%，返青率76.4%，亩穗数42.3万穗/667m^2，全生育期270天。

2012—2014年进行了连续两年的盐渍化寒区水热盐耦合效应及对冬小麦的影响研究试验，试验采用灌水水平、覆盖状况和盐分水平3个因子，灌水水平设4个，包括1个充分灌溉和3个非充分灌溉；覆盖状况分3种类型，即无覆盖、地膜覆盖和秸秆覆盖；盐分水平为轻度、中度和重度，田间试验采用3因子4水平正交组合设计，共计36个处理，每个处理3次重复。充分灌溉条件下地膜覆盖冬小麦产量最高为500.25kg/亩，其次为秸秆覆盖冬小麦产量为474.31kg/亩；在相同的灌水条件下地膜覆盖和秸秆覆盖均有明显的增产效果，比无覆盖条件的冬小麦产量分别提高9.58%和3.90%。

同时2013—2014年进行覆膜穴播生产示范，种植宁冬11号和新冬42号。覆膜穴播试验示范面积1.5亩，试验示范分别取得555.1kg/亩和532.3kg/亩的实产。

2014—2015年对宁冬11号进行了覆膜穴播、盖膜条播、常规露地条播3种模式越冬保苗效果的研究。3种模式的返青率依次为85.3%、52.6%、62.4%，覆膜穴播技术越冬保苗效果明显。对3种模式进行了测产，覆膜穴播模式较常规条播增产46.89%，增产效果非常显著，达到540.65kg/亩。

从秸秆覆盖、地膜覆盖到最终覆膜穴播及覆膜穴播播种机的研制，经历了多年的试验、改进、再试验、再改进，从简单的仅仅是不同种植与覆盖方式到复杂的水热盐耦合效应的研究，从小规模的小区试验到大田的生产示范，从费时费力的人工覆膜播种，到简便快捷的全程机械化。最终实现大面积覆膜穴播冬小麦生产示范田宁冬11号亩产555.93kg，较同年春小麦产量增加100kg，并且连续多年返青情况及产量稳定，实现了河套地区冬小麦通过栽培技术手段安全越冬。

2.3 冬小麦复种栽培技术及发展模式

2.3.1 冬小麦复种栽培技术

冬小麦北移最终是为后茬复种提供空间和时间的，只有合理有效的后茬复种才能将冬小麦的优势发挥到最大。通过2007—2016年连续多年引种及栽培试验后的复种试验，确定可以在河套地区冬小麦后复种成功的作物比较多，而且经过近几年试验，已经基本掌握各复种作物效益。在河套地区进行冬小麦后复种西葫芦、西兰花、菜花、紫甘蓝、白菜、豆角、葵花、甜玉米、豆类、牧草等作物都能正常成熟，经济效益可观，每亩增加纯收入在 700 元以上，菜花、西兰花、紫甘蓝能达到 2000 元以上。

巴彦淖尔市农牧业科学研究院先后开展了覆膜移栽、露地直播、覆膜直播与免耕残膜直播等多种播种方式的综合研究，通过带水播种技术、药物处理、及时灌水、及时免耕播种等多种措施的运用提高了移苗的成活率，缩短了作物生育期。研制的半自动穴盘育苗机、育苗移栽机有效地提高了后茬复种效率，使大规模后茬复种成为可能。

（1）覆膜移栽。6 月 20 日左右播种育苗，出苗后每天清晨检查，视苗情适时喷水，为防止徒长，适时遮挡阳光。采用 70cm 地膜，移栽时间最好在 16：00 以后，根据作物确定株行距。

（2）覆膜直播。四轮车带翻转犁翻地一遍，旋耕进行精细整地，使土壤疏松，蓄水保墒，防止土壤板结，上虚下实。采用 70cm 地膜，根据作物确定株行距。

（3）露地直播。精细整地后，根据作物种类人工或机器开沟直接播种。

（4）免耕残膜利用直播。冬小麦收获后及时灌水，待田干后，直接于原膜上穴播。

2.3.2　冬小麦复种发展模式

1. 冬小麦复种茭瓜试验成果

试验选用 LM01、LM02、LM03、LM04、LM5 和 LM06 六个品种。采用育苗移栽，每品种移栽种植两膜。

试验结果与分析：产量较高的品种是 LM01、LM03、LM05，产量分别为 4097.91kg/亩、4080.66kg/亩、4023.19kg/亩。冬小麦后育苗移栽茭瓜，6 月 20 日育苗，7 月 10 日移栽田间，7 月 25 日左右开花，8 月 13 日即可进入采收期，而且茭瓜皮实不费工，只要在全生育期间做好防病措施，特别是预防住白粉病的危害，从采收初始期，一般一周时间即可采收一次，全生育期可采收 5～6 次，一直可采收到 9 月底，平均采收茭瓜 3800～4000kg/亩，茭瓜销售价 2010 年时价 0.7 元/kg。复种茭瓜，亩投入化肥 67 元，地膜 40 元，机耕作业 100 元，种苗费 100 元，水费 20 元，用工 600 元，合计 927 元，亩净收入 1733～1873 元，效益较好。冬小麦后种植育苗移栽不同茭瓜品种产量结果见表 2.3。

表 2.3　冬小麦后种植育苗移栽不同茭瓜品种产量结果

品种代号	采收时间及产量/(kg/116m^2)						品种合计/(kg/116m^2)	折合亩产/kg
	8 月 9 日	8 月 13 日	8 月 19 日	8 月 26 日	9 月 3 日	8 月 9 日		
LM01	15	78	134	182	166	138	713	4097.91
LM02	21	74	149	139	124	101	608	3494.43
LM03	18	78	103	244	141	126	710	4080.66
LM04	10	91	138	187	146	103	675	3879.50
LM05	13	46	135	186	176	144	700	4023.19
LM06	13	22	82	135	128	115	495	2844.97
合计	90	389	741	1073	881	727	3901	

2. 冬小麦复种甜瓜试验成果

试验选用甜D1、甜D2、甜D3、甜D4四个早熟厚皮甜瓜品种和W1、W2、W3等3个薄皮甜瓜品种，采用育苗移栽。

试验结果与分析：冬小麦后复种甜瓜，6月20日穴盘播种育苗，7月10日16：00后移栽田间，8月13日开始陆续开花，9月9日后陆续成熟。经单瓜取样分析：厚皮瓜以甜D4表现最好，该品种瓜大果重，果肉鲜脆，含糖量高；其次是甜D3。薄皮瓜以W2为好，该品种肉厚，皮色好看，肉软，含糖量高，产量也高，以上4个品种适宜冬小麦后复种，具体见表2.4。

表2.4　冬小麦后种植育苗移栽不同甜瓜品种单果产量及含糖量

品种代号	单果重/g	重径/横径/cm	肉厚/cm	果皮	果肉	内糖/%	外糖/%
W1	800	12.1/11.3	3.1	浅黄	软	11	7.8
W2	823.1	11.5/11.0	3.6	浅黄	软	14.2	9.6
W3	850.5	12.8/11.6	3.2	浅黄	软	12	8.6
甜D1	1050	13.5/12.3	3.2	浅黄	脆	8.5	6.0
甜D2	1320	15.3/13.2	3.3	浅黄	脆	10.5	6.5
甜D3	1250	15.0/12.7	3.3	浅黄	脆	12.5	11.0
甜D4	1399	14.1/12.3	3.3	浅黄	脆	12.0	9.8

3. 冬小麦复种西瓜试验成果

试验品种12个，分别是西D1、西D2、W4、W5、L1～L8，采用育苗移栽。

试验结果与分析：由于看护不好，西瓜大部分丢失，因而没有进行产量的估算。从长势看，L4、L8两品种早熟，均在9月20日进入成熟采收期，含糖量分别为12.8%和13.4%；西D2、W4两品种中熟，在9月25日前进入采收期，瓤口好，含糖量达13%，上述4个品种均适宜冬小麦复种。

4. 冬小麦复种早熟玉米试验成果

A：早香糯；B：F496；C：丰垦008；D：CM533RR；E：CM440。A、B、C这3个品种采取育苗移栽种植：6月20日播种育苗，7月8日移栽，采用70cm地膜，大小行种植，大行80cm，小行30cm，株距29cm，亩保苗4182株。F496种植4膜8行、早香糯种植3膜6行、丰垦008种植3膜6行。D、E两种品种采用露地覆膜种植，采用70cm地膜，大小行距种植，大行70cm，小行30cm，株距16cm，膜上种植两行，亩保苗8337.5株。具体见表2.5。

5. 冬小麦复种豆角试验成果

供试品种为五月鲜、菜豆角。播种方式为采用露地覆膜种植，采用70cm地膜，等行距种植，株距50cm，行距60cm，膜上种植一行，亩保苗2223株。五月鲜豆角种植5膜10行、菜豆角种植1膜2行。

试验结果与分析：由于今年早霜来得早，到9月13日总计采收五月鲜豆角6次，总计采收111.5kg，折合亩产424.97kg；采收菜豆角4次，折合亩产428.79kg。具体见表2.6。

表 2.5　　冬小麦后复种早熟玉米考种及产量结果

品种	株高/cm	穗型	穗长/cm	穗粗/cm	穗行数	样品穗干重/cm	样品粒干重/cm	秃尖/cm	行粒数/cm	单株粒干重/kg	百粒重/g	粒型	粒色	出籽率/%	折亩产/kg
丰垦 008	200	长柱	17.9	3.7	12.6	0.74	0.44	1.0	38	0.081	20.7	半硬粒	黄	59.5	338.9
F496	220	短锥	14.9	3.7	12.0	0.85	0.54	0.5	29.7	0.054	15.7	硬粒	黄	63.5	225.8
糯玉米	230	短锥	16.6	3.8	12.9	0.7	0.44	0.2	32.4	0.055	18.0	硬粒	白	62.9	230.0
CM440	155	短锥	12.1	3.4	14.8	0.45	0.3	2.0	30.8	0.043	10.9	半硬粒	黄	66.7	358.5
CM533RR	165	短锥	11.7	3.3	15.6	0.4	0.23	2.5	27.4	0.029	9.1	半马齿	黄	57.5	241.8

表 2.6　　冬小麦后复种豆角产量结果

种植品种	播种期	出苗期	开花期	采收初始期	收获期	采摘次数（罗马数字）及产量/kg						合计/kg
						Ⅰ	Ⅱ	Ⅲ	Ⅳ	Ⅴ	Ⅵ	
五月鲜	7月8日	7月15日	8月6日	8月16日	9月18日	5.5	5.5	11	24.5	37	28	111.5
菜豆角	7月8日	7月16日	8月16日	9月7日	9月18日			11	1.5	5	5	22.5

6. 冬小麦复种绿豆试验成果

供试品种为选用早熟新品种雪绿 1 号。试验于 7 月 8 日播种，采用露地覆膜种植，70cm 地膜，等行距种植，行距 35cm，株距 10cm，每亩密度为 19048 株。实际种植面积是 11 膜 20 行播种方式采用人工穴播，播种量 1.5kg/亩，播深 3.3cm。全试验于霜冻后的 19 日一次性采收，晾晒后人工棒槌脱粒。

试验结果与分析：由于霜冻来得早，绿豆只有上面两层豆荚变黑成熟，下面的 3～4 层豆荚还淡绿，未能完全成熟。从收获脱粒的过秤结果看，111.5m^2 收获计产 16kg，折合亩产 95.7kg。按当地市面时价 15 元/kg 计算，亩收入 1435.5 元。扣除投入 640 元，亩纯利润 795.5 元。

7. 冬小麦复种牧草试验成果

选用加拿大早熟高产低毒品种 FCS－30 高丹草和 GL101 高丹草。于 7 月 8 日采用露地覆膜种植，采用 70cm 地膜，大小行距种植，大行 70cm，小行 30cm，株距 10cm，膜上种植两行，亩保苗 13340 株，其中，FCS－30 高丹草种植 6 行，GL101 高丹草种植 6 行。种植面积是 FCS－30 和 GL101 各三膜。试验于 8 月 30 日测产，取样面积 CFSH－30 高丹草折合亩产 2968.9kg；GL101 高丹草折合亩产 2424.36kg；9 月 18 日受冻后再次测产，取样面积 CFSH－30 折合亩产 3000kg；GL101 高丹草折合亩产 3500kg。

试验结果与分析：从该次复种选用种植的加拿大品种来看，生长势和生物产量都不如国内品种，抗逆能力也不如国内品种，特别是抗耐冻能力不及国内品种。

2.4　小结

（1）利用引进的材料大量配置冬-冬、冬-春小麦杂交组合。在引进冬小麦品种的同时

进行着冬小麦新品种选育，利用冬小麦进行的冬-春小麦杂交为河套地区及整个春麦区的春小麦新品种选育拓宽了变异来源，提供了许多优良性状。

（2）推荐河套灌区采用宁冬11号冬小麦品种，该品种大面积覆膜穴播亩产得到了555.93kg，较同年春小麦亩产增加100kg，并且连续多年返青情况及产量稳定，实现了河套地区冬小麦通过栽培技术手段安全越冬。

（3）冬小麦复种早熟玉米、豆角、绿豆、苦瓜、牧草等是河套灌区较为适宜的复种发展模式，增加了农民收入，效益显著。

第3章　河套灌区冻融土壤入渗特性分析

3.1　土壤基本特性参数测定结果分析

3.1.1　土壤颗粒分析结果

通过室内土壤颗粒分析试验，确定了研究区的土壤类型。按照试验要求，对1.0m深土壤进行了颗粒分析试验，随机选定3个试验小区的土壤类型基本相同，均分为两层，上层0～40cm为粉壤土，土壤容重为1.42g/cm^3；下层40～100cm为粉土，土壤容重为1.40g/cm^3，各层土壤状况见表3.1。

表3.1　试验区土壤状况

土层深度/cm	容重/(g/cm^3)	相对密度	土壤颗粒分布/%			土壤类型
			0.05～2mm	0.002～0.05mm	<0.002mm	
0～40	1.42	2.68	67.25	27.95	4.80	粉壤土
40～100	1.40	2.69	26.34	68.20	5.46	粉土

3.1.2　土壤田间持水率测定

开展了土壤田间持水率室内试验：利用环刀在试验区取原状土，进行了田间持水率室内测定，并与田间的测定结果进行了对比，确定了试验区0～40cm土层的田间持水率为37.50%，40～100cm土层的田间持水率为38.75%。

3.1.3　土壤水分扩散率的测定

土壤水分扩散率$D(\theta)$是单位含水量梯度下非饱和流的通量，在定量分析土壤水非饱和流时，无论采用解析解还是数值解，其基本运动方程中的扩散率必须为已知参数求解才能进行。非饱和土壤水运动的扩散率，其意为单位含水率梯度条件下的非饱和流的通量。土壤水扩散率的测定一般采用水平土柱吸渗法，此方法是测定土壤水扩散率的非稳定流方法。土壤水分扩散率测定一般采用水平土柱渗吸法，目前我国大多采用水平土柱扩散仪进行测定。本书根据土壤剖面各个土层的容重和质地，测定了深度为0～100cm土层的土壤水扩散率。

水平土柱渗吸法测定非饱和土壤水扩散率，要求土柱的质地均一，且有均匀的初始含水率。水平土柱进水端维持一个接近饱和的含水率，并使水分在土柱中做水平渗吸运动，忽略重力作用做一维水平流动，其微分方程和定解条件为

$$\left.\begin{aligned}&\frac{\partial\theta}{\partial t}=\frac{\partial}{\partial x}\left[D(\theta)\frac{\partial\theta}{\partial x}\right]\\&\theta(x,t)=\theta_0\quad(x>0,\ t=0)\\&\theta(x,t)=\theta_s\quad(x=0,\ t>0)\end{aligned}\right\}\tag{3.1}$$

式中：t 为时间，min；x 为水平距离，cm；θ 为体积含水率，%；θ_0 为初始体积含水率，%；θ_s 为进水端边界体积含水率，%（其值接近饱和含水率）。

该方程为一非线性偏微分方程，采用 Boltzmann 变换，化为常微分方程求解，得

$$D(\theta)=-\frac{1}{2}\left(\frac{d\lambda}{d\theta}\right)\int_{\theta_s}^{\theta}\lambda d\theta \tag{3.2}$$

其中

$$\lambda=xt^{-\frac{1}{2}}$$

式中：λ 为 Boltzmann 变换参数；其他符号意义同前。

其差分方程的表达式为

$$D(\theta)=-\frac{1}{2}\left(\frac{\Delta\bar{\lambda}}{\Delta\theta}\right)\sum\bar{\lambda}\Delta\theta \tag{3.3}$$

式中：$\bar{\lambda}$ 为相邻两点 λ 的平均值，$\frac{\Delta\bar{\lambda}}{\Delta\theta}$ 值由 $\bar{\lambda}$ 和 $\Delta\theta=\frac{\theta_s-\theta_i}{n}$ 求得，计算出不同土层的土壤水分扩散率 D。

本书采用指数函数拟合了 0～100cm 土层的土壤水分扩散率与含水率之间的关系，由表可见拟合精度较高。所得的非饱和土壤水扩散率的表达式见式（3.4）和表 3.2。

$$D(\theta)=ae^{b\theta} \tag{3.4}$$

式中：$D(\theta)$ 为扩散率，cm²/min；θ 为体积含水率，%。

表 3.2　扩散率与含水率的函数关系式

深　度/cm	函数关系式	R^2
0～100	$D(\theta)=5\times10^{-5}e^{0.1625}$	0.8549

3.1.4　土壤水分特征曲线测定

土壤水分特征曲线是土壤水基质势随土壤含水率变化的曲线，它可以反映土壤水的能量与数量之间的关系。该曲线目前尚不能根据土壤的基本性质从理论上分析得出，只能用试验方法测定。土壤水分特征曲线能够清楚地反映土壤水的能量水平与土壤水的数量之间的关系。

本研究开展了土壤水分特征曲线的室内试验：利用环刀在试验区取原状土，进行了土壤水分特征曲线的室内测定，初步得出了土壤的特性参数。采用实验室室内压力薄膜仪对根系层内土壤的土壤水分特征曲线进行测定。试验前在田间用环刀取回原状土待测。测定之前将陶土板浸泡一昼夜，待测样本也要预先饱和，可置于陶土板上同时浸泡至饱和。当饱和的压力板及土壤置于压力室后，要吸去多余的水，连接压力室内外的排水系统，密封压力锅的盖子。将压力调至所需压力后，缓慢打开压力气体源，同时检查系统有无漏气。向压力室供压后，首先因压力使陶土板的橡胶隔膜被压缩而排出大量的水，接着陶土板中的水也不断以小液滴的形式通过排水管排出。待平衡之后取出土壤称其湿重，然后将土样放回压力室中，继续进行下一个压力的测定，最后根据土样的干容重，计算出各个压力对应的体积含水率，进而可以获得土壤水分特征曲线。

根据试验数据，采用 RETC 软件对所测数据进行拟合，水分特征曲线和拟合常数见表 3.3。由于各层土壤的结构和有机质的含量相差不大，根据试验结果，把深度为 0～

100cm 土层的水分特征曲线作为本次研究的对象。

表 3.3　　土壤水分特征曲线（VG 方程）中的拟合常数

土层深度/cm	拟合常数				
	θ_r	θ_s	α	n	R^2
0～10	0.2696	0.5628	0.0222	1.5063	0.9104
10～20	0.2572	0.5431	0.0160	1.4165	0.9127
20～30	0.2864	0.5246	0.0152	1.4407	0.9116
30～40	0.2491	0.5005	0.0125	1.3596	0.9143
40～50	0.2990	0.5010	0.0123	1.4559	0.9131
50～60	0.2973	0.4851	0.0123	1.3339	0.9134
60～70	0.2770	0.4890	0.0147	1.2665	0.9127
70～80	0.2974	0.4760	0.0111	1.3323	0.9124
80～90	0.3135	0.4717	0.0107	1.3361	0.9133
90～100	0.3258	0.4643	0.0128	1.3594	0.9113
0～100（平均）	0.2873	0.5018	0.0140	1.3808	0.9125

根据室内试验资料得到深度为 0～100cm 土层综合土壤水分特征曲线，拟合其常数为：$\theta_r=0.2873$；$\theta_s=0.5018$；$\alpha=0.0140$；$m=0.2831$；$n=1.3808$；$-R^2=0.9125$。

$$\theta=0.2873+0.2722[1+(0.0140S)^{1.3808}]^{-0.2831} \tag{3.5}$$

3.1.5　比水容量试验测定

土壤水分特征曲线斜率的倒数即单位基质势的变化引起含水量的变化，称为比水容量，记为 C。C 值随土壤含水率 θ 或土壤水基质势 ψ_m 而变化，记为 $C(\theta)$、$C(S)$、$C(\psi_m)$。比水容量是分析土壤水分保持和运动用到的重要参数之一，可表示为

$$C=\frac{d\theta}{d\psi_m} \text{ 或 } C=-\frac{d\theta}{dS} \tag{3.6}$$

由式（3.5）、式（3.6）可得

$$C(S)=-\frac{d\theta}{dS}=\alpha mn\theta_s(\alpha S)^{n-1}[1+(\alpha S)^n]^{-m-1} \tag{3.7}$$

式中：各符号意义同前；θ_s、α、n 的取值见表 3.3；m 为拟合常数，其计算公式为 $m=1-\dfrac{1}{n}$。

因此，比水容量的表达式为

$$C(S)=4.47\times10^{-4}S^{0.3950}[1+0.0021S]^{-1.2831} \tag{3.8}$$

3.1.6　非饱和导水率测定

非饱和导水率的计算公式为

$$K(S)=C(S)D(S) \tag{3.9}$$

式中：各符号意义同前。

由以上得出的比水容量和土壤水分扩散率计算非饱和导水率公式为

$$K(S)=\alpha mna\theta_s(\alpha S)^{n-1}[1+(\alpha S)^n]^{-m-1}\exp\{b\theta_s[1+(\alpha S)^n]^{-m}\} \tag{3.10}$$

式中：$K(S)$ 为非饱和导水率，cm/min；其余符号意义同前。

$$K(S)=2.56\times10^{-8}S^{0.3950}[1+0.0021S]^{-1.2831}e^{0.0959(1+0.0021S^{1.3808})^{-0.2831}} \tag{3.11}$$

3.2 土壤冻融期入渗特性结果分析

3.2.1 土壤冻融期入渗特性研究目的和现状分析

土壤冻融是一个非常复杂的过程，它伴随物理、化学、力学的现象和子过程，最主要的包括水分和热量的传输。在土壤水分冻结过程中，土壤水分不仅是以液态水的形态存在，而是以液态和固态两种状态存在于土壤孔隙之中，因此，冻结土壤中的水分由冻结水和非冻结水两部分组成。土壤水冻结过程中由于气温的往复变化，其土壤中的液态水和固态水将出现相互转化，并随着气温总趋势的降低，土壤中的液态水比例逐渐降低。

国内外众多学者围绕冻融土壤冻融和水热迁移等进行了大量的相关研究，取得了许多重要的成果。樊贵盛等对大田原生盐碱荒地入渗特性进行了试验研究；潘云等对土壤容重对非盐碱土壤水分入渗的影响进行了研究；郭占容等对冻结期和冻融期土壤水分运移特征进行了研究，分析了冻结期和冻融期土壤水势分布和土壤含水量变化规律及其与潜水的转化关系；王雪等对改善原生盐碱荒地入渗能力进行了室内试验研究。由于土壤冻结过程中水分运动受温度、土壤初始含水率、作物、地表覆盖和土壤结构等多种因素的影响，过程异常复杂；其中地表覆盖物在冻结期可改变土壤的自然冻融过程及水分动态变化，对入渗规律影响显著。到目前为止，尚无对不同地表覆盖条件下冻结土壤入渗规律的研究，特别是针对北方寒区、旱区和盐渍化地区的河套灌区冬小麦大田冻结期地膜覆盖和秸秆覆盖条件下土壤的入渗特性尚无研究成果。因此，本书以实测田间入渗试验数据为基础，研究冻融期地膜覆盖和秸秆覆盖对土壤入渗特性的影响以及冻融土壤入渗规律。

内蒙古河套灌区是典型的季节性冻土区，土壤冻结期时间长。由于春季黄河来水量小，且受灌区气候和冻融条件的制约，春灌困难。冬小麦秋灌和其他作物秋季储水灌溉是该地区多年农业生产实践中形成的一种储水与维持盐分平衡的灌溉方式。不同的秋灌时间和水量与冻结期土壤的入渗特性密切相关，进而影响整个冻结期土壤的水热运移。因此，进行冻融期的土壤水分入渗规律研究对合理制定河套灌区冬小麦灌溉制度具有重要意义。

3.2.2 土壤冻融期入渗特性试验处理

试验在冬小麦试验田中进行，冬小麦品种为宁冬 11 号。设无覆盖、秸秆覆盖和地膜覆盖 3 个处理，每个处理设 3 个测试点，将双套环入渗仪分别置于各测试点进行入渗试验。土壤的冻融过程一般分为 5 个阶段，分别为未冻结期、冻结稳定期、冻结中期、冻结初期和融解期。以无覆盖处理土壤冻层厚度为例划分各冻融期：土壤无冻层时即为未冻结期（9 月 5 日—10 月 23 日），土壤冻层厚度在 0～30cm 时为冻结初期（10 月 24 日—11

月28日），土壤冻层厚度在30～60cm时为冻结中期（11月29日—12月18日），土壤冻层厚度＞60cm时为冻结稳定期（12月19日至次年3月12日）；土壤冻层厚度大于60cm时为冻结稳定期（12月19日至次年2月5日）；土壤冻层厚度小于60cm时为融解期（次年2月6日—5月4日）。

本试验测定日期共5次，分别在2012年10月19日（未冻结期）、11月12日（冻结初期）、12月5日（冻结中期）、12月28日（冻结稳定期）和3月11日（融解期），共计进行45次入渗试验，每次测定的开始时间均为上午10：00。在进行土壤水分入渗试验的同时，对各测试点土壤的理化参数进行同步测定，包括：各处理每次测定时各测点的冻层厚度，各测点5cm、10cm、20cm、30cm、40cm、60cm土层的土壤温度；各测点0～60cm土层土壤含水率。各测点的冻层厚度采用TDR（英国Delta-T公司PR2型）进行测定，对其中2个测点的冻层厚度采用冻深管法进行了验证，误差均在8.0%以内。各测点土层的土壤温度采用曲管地温计（锦州利诚WQJ-16型）测定，量程为－20°～50°，并采用插针式地温传感器（联创思源FDS120型）对其中2个测点的土壤温度进行了验证，误差均在5.0%以内。各测点土层的总土壤含水率采用机械钻取土烘干法测定，未冻土壤含水率采用TDR进行测定，总土壤含水率与未冻土壤含水率之差即为冻结土壤含水率。

入渗试验采用自制双套环入渗仪进行，内环直径26cm，外环直径60cm，在地表冻结前预埋于试验地块，内环下环深度20cm。入渗内环供水用量筒计量，外环水位采用水位平衡装置控制，保证内外环水位齐平。

入渗试验用水为井水，水温变化为2.0～8.0℃。为减小积水水头对水势梯度的影响，水深控制在3cm。大量的田间试验表明，土壤的入渗过程一般可在90min内达到相对稳定，因此，选90min的累积入渗量作为反映土壤入渗能力的指标，入渗达到相对稳定后，以90min时的入渗率作为土壤的相对稳定入渗率，即稳渗率。

入渗水量分不同时段记录，在试验的0～2min内，每隔30s记录1次；2～10min内，每隔1min记录1次；10～50min内，每隔5min记录1次；50～90min，每隔10min记录1次。

3.2.3　冻融土壤入渗模型

在确定农田冻结期合理灌水技术参数时，最主要的是了解入渗率和累积入渗量随时间变化的规律，通过较为简洁的公式对累积入渗量进行计算，对于冻土土壤的入渗过程有多种模型，常用的有Philip方程、Kostiakov方程和Kostiakov-Lewis方程，这3个方程均为经验、半经验的冻土入渗公式。

1. Philip入渗方程

$$I(t)=kt^{1/2}+f_0t \tag{3.12}$$

式中：$I(t)$为累积入渗量，cm；t为累积入渗时间，min；k为反映入渗初期土壤渗吸性的参数，cm/min；f_0为与水力传导度有关的参数，cm/min。

该式对于均质土壤效果较好，但对于实际的非均质土壤在入渗后期效果较差，一般不适用。

2. Kostiakov 入渗方程

$$I(t)=kt^{\alpha} \quad (\alpha<1) \tag{3.13}$$

式中：α 为表征土壤入渗率曲线衰减速度的经验指数。

Kostiakov 入渗方程是一个典型的经验公式，该方程不足之处是时间无限长时，入渗率趋于零；而当时间趋于零时，入渗率趋于无穷大，与实际不符。但在生产实践中一般给定入渗时间，不影响其使用。

3. Kostiakov－Lewis 入渗方程

$$I(t)=kt^{\alpha}+f_0 t \quad (\alpha<1) \tag{3.14}$$

该模型是在 Kostiakov 模型的基础上增加了 $f_0 t$（相对稳定入渗量）项，克服了 Kostiakov 模型取极值时无意义的不足。本书通过对上述模型的检验，分析其对冻结土壤入渗过程表述的适用性。

冻融土壤减渗率：在土壤的冻融过程中，土壤入渗率逐渐减小，其减小程度通常采用减渗率表示，采用式（3.15）进行计算，即

$$\eta=\frac{L_{\mathrm{d}}-L_{\mathrm{n}}}{L_{\mathrm{n}}} \tag{3.15}$$

式中：η 为减渗率；L_{d} 为冻土土壤水分入渗量，cm；L_{n} 为未冻土土壤水分入渗量，cm。

3.2.4 不同处理对冻层厚度和土壤含水率的影响分析

土壤的冻结过程是随着气温的下降冻层逐渐形成，随着土壤中液态水相变为冰晶的比例越来越大，土壤的入渗能力逐渐减小。由于土壤冻结层厚度和位置是随着外界气温的往复变化而改变的，致使冻结层对入渗水流的控制作用也是动态变化的。表 3.4 为无覆盖、秸秆覆盖和地膜覆盖 3 个处理的入渗试验条件及稳定入渗率对比结果。试验条件为各处理的最大冻层深度大于计划湿润层深度 60cm；水温变化为 2.0～8.0℃，接近于地下水的水温。

表 3.4　入渗试验条件及不同处理对土壤含水率的影响

试验处理	日期/(年-月-日)	冻层厚度/cm	试验水温/℃	未冻结土壤含水率/%	冻结土壤含水率/%	土壤总含水率/%
无覆盖	2012-10-19（未冻结期）	0	7.6	21.52		21.52
	2012-11-12（冻结初期）	8.5	6.2	18.18	5.3	23.48
	2012-12-05（冻结中期）	34.2	3.5	9.85	9.92	19.77
	2012-12-28（冻结稳定期）	70.8	2.8	2.59	15.32	17.91
	2013-03-11（融解期）	61.5	3.5	5.01	11.87	16.88
秸秆覆盖	2012-10-19（未冻结期）	0	7.5	21.97		21.97
	2012-11-12（冻结初期）	4.0	6.0	19.03	3.73	22.76
	2012-12-05（冻结中期）	30.4	3.7	10.67	8.99	19.66
	2012-12-28（冻结稳定期）	68.5	2.5	3.24	14.81	18.05
	2013-03-11（融解期）	57.6	3.5	5.42	12.05	17.47

续表

试验处理	日期/(年-月-日)	冻层厚度/cm	试验水温/℃	未冻结土壤含水率/%	冻结土壤含水率/%	土壤总含水率/%
地膜覆盖	2012-10-19（未冻结期）	0	7.7	22.81		22.81
	2012-11-12（冻结初期）	1.5	6.2	20.94	1.77	22.71
	2012-12-05（冻结中期）	27.5	3.8	12.2	8.38	20.58
	2012-12-28（冻结稳定期）	64.4	2.4	3.07	14.67	17.74
	2013-03-11（融解期）	49.8	3.2	5.79	10.58	16.37

由表 3.4 可知，从未冻期到冻结稳定期，冻层深度逐渐增大，冬小麦地膜覆盖处理 11 月 12 日（冻结初期）、12 月 5 日（冻结中期）和 12 月 28 日（冻结稳定期）土壤冻层厚度比无覆盖处理分别低 7.0cm、6.7cm 和 6.4cm；冬小麦秸秆覆盖处理 11 月 12 日（冻结初期）、12 月 5 日（冻结中期）和 12 月 28 日（冻结稳定期）土壤冻层厚度比无覆盖处理分别低 4.5cm、3.8cm 和 2.3cm；冬小麦无覆盖处理 3 月 11 日（融解期）的冻层厚度比秸秆覆盖和地膜覆盖处理分别高 3.9cm 和 11.7cm。

分析上述结果可以得出，在同一冻结期地膜覆盖和秸秆覆盖条件下，冻层厚度明显较低，特别是地膜覆盖比无覆盖条件下冻层厚度降低 6cm 以上，具有明显的保持地温的作用，秸秆覆盖效果比覆膜效果差；地膜覆盖和秸秆覆盖均可以减缓土壤水的冻结速度，但随着冻结期的推进，地膜覆盖和秸秆覆盖降低冻层厚度的效果逐渐减小，两种覆盖均是在冻结初期效果最好；在土壤融解期秸秆覆盖和地膜覆盖对降低冻层厚度均具有一定作用，其中地膜覆盖增温效果最好，其冻层厚度比无覆盖处理减少了 11.7cm。

由表 3.4 可知，从未冻期到冻结稳定期，冬小麦地膜覆盖处理 11 月 12 日（冻结初期）、12 月 5 日（冻结中期）和 12 月 28 日（冻结稳定期）冻结土壤含水率均比无覆盖处理分别低 3.53%、1.54%和 0.65%；冬小麦秸秆覆盖处理 11 月 12 日（冻结初期）、12 月 5 日（冻结中期）和 12 月 28 日（冻结稳定期）冻结土壤含水率均比无覆盖处理分别低 1.57%、0.93%和 0.51%。对于冬小麦无覆盖处理，10 月 19 日（未冻结期）未冻结土壤含水率为 21.52%，而 11 月 12 日（冻结初期）、12 月 5 日（冻结中期）和 12 月 28 日（冻结稳定期）未冻结土壤含水率分别降为 18.18%、9.85%和 2.59%，冻结土壤含水率分别增大 5.30%、9.92%和 15.32%，秸秆覆盖和地膜覆盖各处理试验数据也有相似的结果。

结果表明，从未冻期到冻结稳定期，在土壤总含水率变化不大的条件下，土壤未冻结含水率不断降低，随着冻结期的推进，未冻结水转为冻结水的速度是由慢到快再逐渐降低的过程；地膜覆盖和秸秆覆盖均能减缓未冻结水的转化，在冻结前期和中期效果较好，冻结后期效果明显降低，地膜覆盖效果比秸秆覆盖更好。

3.2.5　不同处理对土壤入渗率的影响

从图 3.1 可以看出，无覆盖、秸秆覆盖和地膜覆盖 3 种处理从未冻结期到冻结初期、冻结中期和冻结稳定期土壤入渗率的变化情况，以及各处理不同冻结期的稳渗率。同一处理不同冻结期各入渗时间点的入渗率和稳定入渗率差异性明显，但无覆盖、秸秆覆盖和地

膜覆盖3种处理在各个冻结阶段入渗率的变化规律具有较强的一致性，均是随着冻结期的推进，土壤冻结厚度逐渐增大，不同入渗时间对应的土壤水分入渗量逐渐降低，入渗率逐渐减小。以冬小麦无覆盖处理4个测定日期的入渗过程为例定量说明土壤入渗率的变化，10月19日（未冻结期）的土壤水分稳定入渗率为0.059cm/min，而11月12日（冻结初期）、12月5日（冻结中期）和12月28日（冻结稳定期）土壤水分稳定入渗率分别为0.047cm/min、0.018cm/min和0.007cm/min，与未冻期相比减渗率分别为21.09%、69.87%和87.76%。

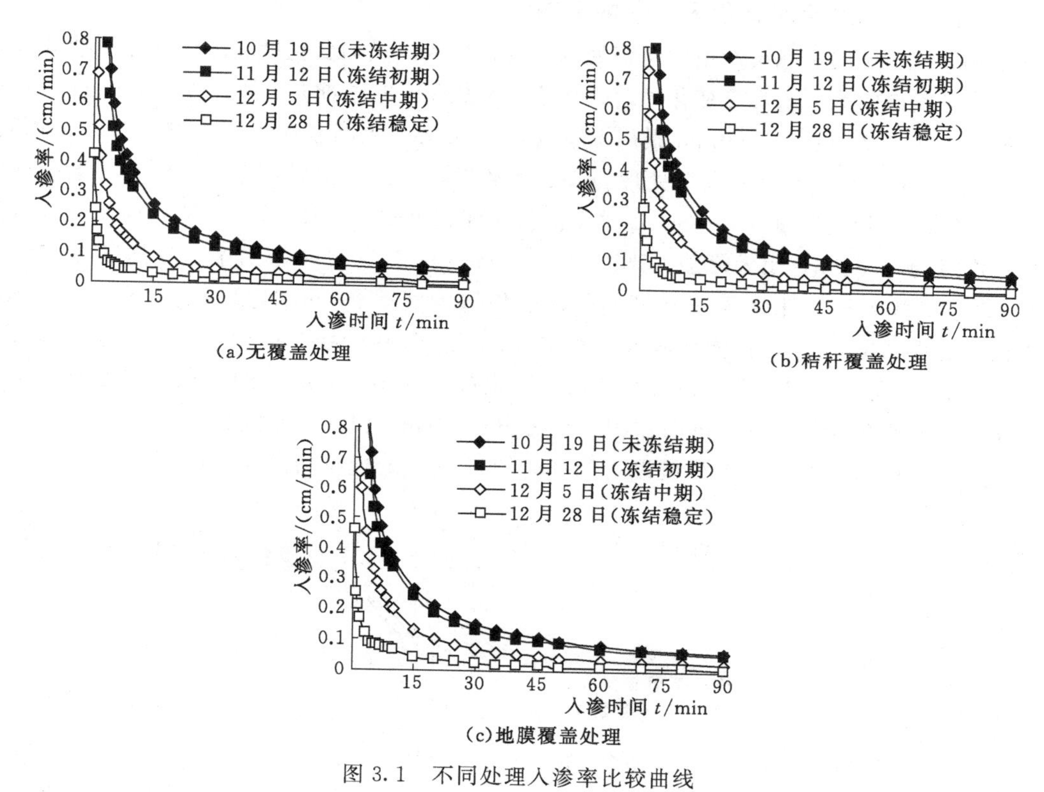

图3.1 不同处理入渗率比较曲线

通过对比分析不同处理入渗率结果还得出：3种处理同一冻结期各入渗时间点的入渗率和稳定入渗率变化显著。10月19日（未冻结期）3种处理各时间点的入渗率和稳定入渗率基本在一条曲线上，表明各测点的土壤特性基本相同；11月12日（冻结初期）地膜覆盖处理各时间点的入渗率和稳定入渗率均比无覆盖明显偏高，地膜覆盖处理稳定入渗率比无覆盖处理高出9.11%；秸秆覆盖处理各时间点的入渗率和稳定入渗率也均比无覆盖偏高，秸秆覆盖处理稳定入渗率比无覆盖处理高出4.11%；表明地膜覆盖在冻结初期效果较好，秸秆覆盖效果一般。

同样的，在12月5日（冻结中期）地膜覆盖处理各时间点的入渗率和稳定入渗率均比无覆盖明显偏高，地膜覆盖处理稳定入渗率比无覆盖处理高出13.5%；秸秆覆盖处理各时间点的入渗率和稳定入渗率也均比无覆盖偏高，秸秆覆盖处理稳定入渗率比无覆盖处理高出7.00%；表明地膜覆盖在土壤冻结中期具有较好的效果，秸秆覆盖效果比地膜覆盖差。而在 12 月 28 日（冻结稳定期）无覆盖、秸秆覆盖和地膜覆盖 3 种处理各时间点的入渗率和稳定入渗率基本又回到一条曲线上，表明秸秆覆盖和地膜覆盖在冻结稳定期对土壤入渗率已无明显效果。

分析上述结果得出，地膜覆盖在土壤冻结初期和中期具有较好减缓土壤水冻结的作用，能使土壤保持较高的入渗率和稳定入渗率，效果显著；而秸秆覆盖与无覆盖相比虽然也有一定效果，但比地膜覆盖效果差。

3.2.6　不同处理对土壤累积入渗量的影响

图 3.2 给出了同一冻结期不同覆盖处理土壤累计入渗量的变化情况。同一冻结期 3 种处理各入渗时间点的累积入渗量变化显著。10 月 19 日（未冻结期）3 种处理各时间点的累积入渗量基本在一条曲线上，90min 累积入渗量为 5.34cm，表明各测点的土壤特性基本相同；11 月 12 日（冻结初期）地膜覆盖处理 90min 时的累积入渗量比无覆盖明显偏高，地膜覆盖处理 90min 时累积入渗量为 4.70cm，比无覆盖处理高出 0.39cm；秸秆覆盖处理 90min 时的累积入渗量为 4.45cm，比无覆盖处理高出 0.26cm；12 月 5 日（冻结中期）地膜覆盖处理 90min 时的累积入渗量比无覆盖明显偏高，地膜覆盖处理 90min 时累积入渗量为 2.33cm，比无覆盖处理高出 0.73cm；秸秆覆盖处理 90min 时的累积入渗量为 1.99cm，比无覆盖处理高出 0.39cm；而 12 月 28 日（冻结稳定期）地膜覆盖处理 90min 时的累积入渗量与无覆盖相差很小，地膜覆盖处理 90min 时累积入渗量为 0.74cm，仅比无覆盖处理高出 0.09cm；秸秆覆盖处理 90min 时的累积入渗量为 0.71cm，比无覆盖处理仅高出 0.06cm。

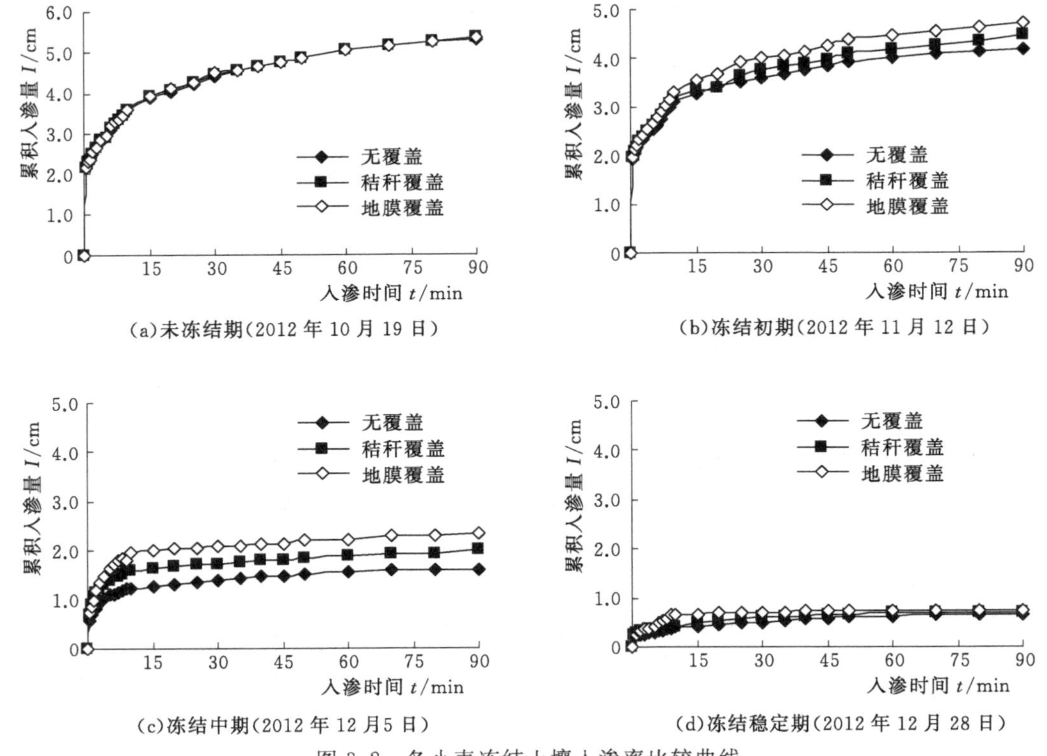

图 3.2　冬小麦冻结土壤入渗率比较曲线

同时可以看出，3 种处理在各个冻结阶段累积入渗量的变化规律具有较强的一致性，均是随着冻结期的推进，累积入渗量逐渐减小。以冬小麦地膜覆盖处理 4 个测定日期的入渗过程为例定量说明土壤累积入渗量的变化，10 月 19 日（未冻结期）试验土壤水分 90min 累积入渗量为 5.34cm，而 11 月 12 日（冻结初期）、12 月 5 日（冻结中期）和 12 月 28 日（冻结稳定期）土壤水分 90min 累积入渗量分别为 4.70cm、2.33cm 和 0.74cm，比未冻结期分别减少 11.99%、56.37%和 86.14%。无覆盖和秸秆覆盖各处理试验数据也有相似的规律。

上述结果表明，冻结土壤水分的累积入渗量远小于未冻结土壤水分的累积入渗量，在土壤冻结初期和中期采用地膜覆盖和秸秆覆盖均能增大土壤水分的累积入渗量，而地膜覆盖和秸秆覆盖在冻结稳定期对土壤水分累积入渗量影响较小。

3.2.7　冻融土壤入渗模型检验和结果分析

本书利用冬小麦试验区无覆盖和地膜覆盖两个试验处理共计 24 个入渗试验的实测入渗过程数据计算 Philip 方程、Kostiakov 方程和 Kostiakov－Lewis 方程，利用一元回归的方法进行回归分析，得出各入渗方程的入渗参数，见表 3.5。然后利用得到的入渗方程参数计算秸秆覆盖试验处理各入渗时间点对应的理论数据值，并利用秸秆覆盖试验处理 12 个入渗试验的实测入渗过程数据，对各方程的入渗参数进行检验。

表 3.5　　方程入渗参数结果

入渗方程	入渗参数		
	α	k /(cm/min)	f_0 /(cm/min)
Philip		0.142	0.0095
Kostiakov	0.612	0.144	
Kostiakov－Lewis	0.525	0.138	0.0083

各方程计算值与实测值吻合程度采用独立样本 T 检验法进行。此处选择秸秆覆盖试验处理 10min、30min 和 90min 累积入渗量为检验对象，根据实测累积入渗量与时间的对应样本和各方程得到的入渗率数据，采用统计分析软件 SPSS 进行 T 检验，给定显著性水平 $\alpha=0.05$，检验结果见表 3.6。

表 3.6　　T 检验结果

入渗方程	样本数	自由度	标准差	均值标准误差	t 值	$T_{0.05}(df)$	P 值
Philip	36	35	0.1085	0.1541	0.983	0.7584	0.043
Kostiakov	36	35	0.0517	0.0408	0.615	1.6603	0.504
Kostiakov－Lewis	36	35	0.0221	0.0124	0.581	1.6950	0.412

根据 T 检验的计算规则，如果两组样本数据在经过检验之后的 t 值小于 $T_{0.05}$ 并且 P 值的统计显著性大于 0.05，就认为两组数据没有明显的差异。由表 3.6 可以看出，无论是 Kostiakov 模型还是 Kostiakov－Lewis 模型，其 t 值均小于 $T_{0.05}$，P 值均大于 0.05，因此，用 Kostiakov 模型和 Kostiakov－Lewis 模型来模拟其入渗过程是可行的。从而说明

实测土壤入渗数据与 Kostiakov 模型和 Kostiakov - Lewis 模型模拟数据之间没有显著差异，即用 Kostiakov 模型和 Kostiakov - Lewis 模型来表征冻结土壤的入渗过程是可行的。而 Philip 入渗方程 t 值略大于 $T_{0.05}$，P 值略小于 0.05，差异明显，用 Philip 入渗方程来表征冻结土壤的入渗过程不适合。

3.3　小结

（1）冻结土壤水分的入渗率远小于未冻结土壤水分的入渗率，在土壤冻结过程中入渗率随冻层的增大而减小；该试验区的实测数据表明，当土壤冻结进入稳定期以后，土壤稳定入渗率降低均在 85.0%以上，并且随着冻结期的推进，稳定入渗率也在缓慢降低。

（2）各冻融期的实测数据表明，秸秆覆盖和地膜覆盖在土壤冻结初期和中期具有较好的减缓土壤水冻结的作用，能使土壤保持较高的入渗量和稳定入渗率，效果显著；地膜覆盖在土壤冻结初期和中期与无覆盖的减渗率相比分别相差 9.11%和 13.50%，效果最好；秸秆覆盖在土壤冻结初期和中期与无覆盖的减渗率相比分别相差 4.10%和 7.00%，效果较地膜覆盖差。

（3）在土壤融解期秸秆覆盖和地膜覆盖对降低冻层厚度均具有一定作用，其中地膜覆盖增温效果最好，其冻层厚度比无覆盖处理减少了 11.7cm。

（4）通过检验得出，Kostiakov 模型和 Kostiakov - Lewis 模型模拟土壤入渗数据没有明显的差异性，可用来表征冻结土壤的入渗过程，并通过试验数据得出了冻结过程两个模型的土壤水分入渗参数和入渗方程；而 Philip 入渗方程不适合表征冻结土壤的入渗过程。

第4章　河套灌区水热盐运移规律研究

4.1　农田土壤水分运动分析

水分由土壤进入植物体，由植物体向大气扩散，都是因为水势梯度的存在是一个连续、统一的过程。水分从土壤经作物而到大气保持着连续状态，并构成了一个完整系统，称此为土壤植物大气连续体。现代农田水分循环的研究是以连续、系统、动态的观点和定量的方法为基础的，即把土壤-植物-大气作为一个物理上的连续体，把大气水、地表水、土壤水、植物水、地下水当作一个相互联系的整体，研究农田“五水”转化的过程和规律，揭示农田水分循环的各个方面，探求以土壤水和作物关系为中心的农田水分调控机理，为节水型农业水管理提供理论和实践应用的依据。水在系统中进行水文循环，同时地下水和地表水也参与其中，构成降水-灌溉水-土壤水-地下水-作物水水文水资源系统。降水和灌溉水转化为土壤水，在重力作用下其中一部分转化为地下水。而地表水、土壤水、地下水又通过蒸发蒸腾回到了大气层，成为降水的重要来源。与此同时，地表水、土壤水、地下水之间也不断产生水量交换。

4.1.1　农田水量平衡方程

农田水量供需平衡计算是灌溉决策的重要依据。当某一时段农田的可供水量不能满足作物的需水要求时就需要进行人为灌溉补充，一定区域某时段农田的可供水量主要由灌水量、有效降雨量、地下水补给量和土壤有效储水量4部分组成；农田水分的消耗则主要为作物腾发和深层渗漏量。农田水分循环从长期的自然过程来看，它们又处于连续不断的相对动平衡状态，研究农田水量的收支、储存与转化的基本方法是水量平衡法。水量平衡法的物理意义是在某一时段内农田水量的收入项与支出项相等。由此，本研究中的作物生育期内的水量平衡式可写成

$$\Delta W = I + P + G - ET_C - D \tag{4.1}$$

式中：I 为灌水量，mm；P 为有效降水量，mm；G 为地下水补给量，mm；ΔW 为土壤水变化量，mm；ET_C 为作物蒸发蒸腾量，mm；D 为土壤水渗漏量，mm。

由以上水量平衡方程式可以看出，只要知道土壤水变化量、灌溉水量、有效降水量、地下水补给量和土壤水渗漏量，就可以得到作物蒸发蒸腾量，前三项是通过试验实测的数据，较容易取得，而地下水补给量和土壤水渗漏量要运用达西公式在实测土水势和实验室取得非饱和导水率的基础上进行计算。

表面上看，水量平衡方程式并没有直接反映出“五水”，但实质上表达了“五水”之间的相互转化与流通。灌溉水首先成为地表水，之后转化为土壤水，进而为作物所利用或渗漏成为地下水。大气水分通过凝结作用变为液态与固态降水，进而转化为地表水、土壤

水甚至地下水，而地下水、地表水、土壤水又通过蒸发蒸腾、上升等作用变成水汽，形成大气水分，与此同时，地表水、土壤水与地下水之间也可以相互转化。虽然各个水量分量之间存在复杂的相互转化，但不论在何种情况下，根据物质流和物质不灭定律，“五水”转化具有连续性，因此，“五水”转化服从水量平衡原理，即在一定的时间和空间尺度内，系统的输入量与输出量之差等于系统的蓄变量。这就是“五水”转化的理论基础。利用水量平衡的方法就可以对“五水”转化关系进行定量分析。

4.1.2　土壤水存储量计算

土壤水是水文循环中的一个组成环节，是地面水与地下水相互转化及降水补给地下水的中间环节。同时，它又是土壤肥力的重要组成部分，是植物水分循环的水源基地，土壤水的物理特性制约着植物对水分的有效利用。研究土壤水的存在形式与运动规律，对于科学治水，提高农业水资源的有效利用率具有十分重要的意义，对土壤水储量的定量计算也是必不可少的部分。

本书中作物根层土壤分为 5 层，依据以下公式计算土壤水储量 W，即

$$W=\frac{10\sum_{i=1}^{5}\gamma_i h_i \theta_i}{\rho} \tag{4.2}$$

式中：W 为土壤储水量，mm；γ_i 为第 i 层土壤的容重，g/cm^3；ρ 为水的密度，g/cm^3；h_i 为第 i 层土壤的厚度，cm；θ_i 为第 i 层土壤含水率（重量含水率），%。

小麦试验田生育期内 1m 深度土壤含水率、土壤水储水量变化如图 4.1 和图 4.2 所示。由图可知，在作物生长期内土壤储水量变化并不大，且变化范围主要集中在 300～400mm。本研究作物生长期灌溉水有效性以灌水轮次为计算时段，时段从一轮灌水开始到下轮灌水前为止进行划分，最后一时段从最后一轮灌水开始到作物收割结束。每轮灌水后土壤储水量都有非常明显的变化，以下土壤纵剖面就可反映出这一情况。

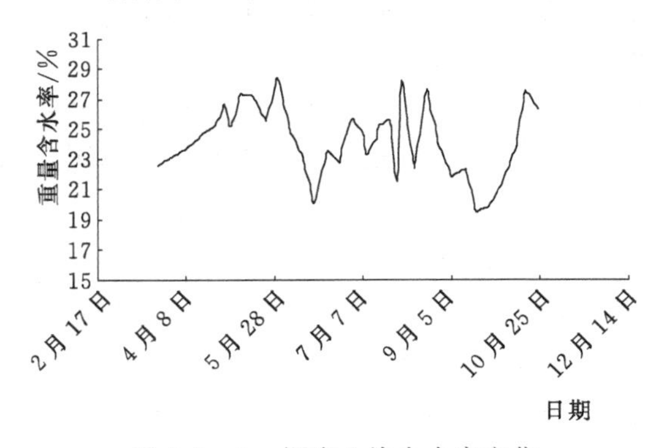

图 4.1　1m 深度土壤含水率变化

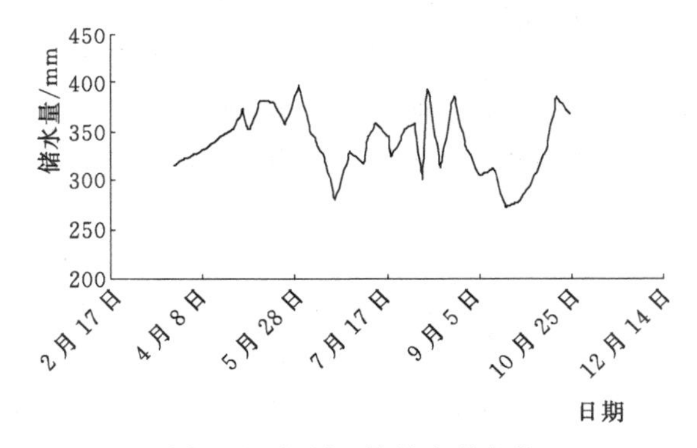

图 4.2　根层土壤储水量变化

4.1.3　有效降水量计算

有效降水量是指降雨通过入渗后保存于土壤计划湿润层中能被作物直接利用的那部分降雨量，其值为降雨量减去地面径流量、降雨期间的蒸发损失量和植株截留量等。影响有效降雨量的因素很多，包括气象因素、土壤因素以及雨前土壤含水量、地下水埋深、植被

覆盖情况、作物根系层深度以及耕作栽培方式等。von Hoyningen－Huene（1983）在量测和分析多种大田作物降雨截留量的基础上，提出了作物冠层降雨截留量计算的一般表达式，即

$$P_i = aLAI\left(1-\frac{1}{1+\dfrac{bP_{\text{gross}}}{aLAI}}\right) \tag{4.3}$$

式中：P_i 为降雨截留量，cm；LAI 为叶面积指数，m^2/m^2；P_{gross} 为毛降雨量，cm；a 为经验系数；b 为土壤覆盖度，$b=LAI/3$。

随着降雨量的增加，降雨截留量逐渐接近其饱和值 $aLAI$。一般来说，a 应通过试验确定。对常见大田作物 a 可取 2.5。从毛降雨量中扣除作物冠层降雨截留量即可计算得到有效降雨量，即

$$P_{\text{net}} = P_{\text{gross}} - P_i \tag{4.4}$$

4.1.4 深层渗漏及地下水补给计算

在农田实际灌溉中，一部分灌溉水未被存储于土壤水库中而渗漏至根层以下。从土壤水的时空调节角度来看，灌溉后土壤水的渗漏量可存储于下层土壤或补给地下水，灌溉一段时间后，这部分渗漏水量在土水势差的作用下补给到作物生长的根系层，从而完全或部分得到利用。尤其在地下水埋深较浅地区，渗漏水量与地下水补给量不但交换频繁，而且也将达到一定的数量，在水量均衡中具有不可忽视的作用。在水资源日益短缺的今天，合理测定地下水补给量并在确定灌溉需水量等农业用水参数时合理考虑这部分水量对作物的贡献，将有利于进一步提高水资源利用效率。此外，矿化地下水中往往含有较多的盐分，随着作用时间的延续，地下水补给会携带大量盐分进入到上部土体中，可能导致土壤盐渍化的发生。通过较精确确定矿化地下水对土壤的补给，可以为预防土壤盐渍化及确定灌溉淋洗定额提供重要的决策依据。可见，正确估算土壤水渗漏量及其他水均衡要素的关系，对区域水资源的合理利用都有十分重要的理论意义和实际价值。河套灌区处于浅地下水位地区，地下水位常年保持在 1～3m，作物根层土壤水与地下水交换非常频繁，因此在研究中对作物生育期内的渗漏量和补给量以天为单位进行了计算。研究中采用定位通量法对灌溉水渗漏量和地下水补给量进行计算。定位通量法即在土壤剖面中选定一个合式的位置，上下安装两支负压计用以监测这两点的基质势，通过测得的该处非饱和导水率与基质势的关系，运用达西定律计算地下水补给量和灌溉水深层渗漏量。

在土壤剖面中选定 1m 深度处为根层的下边界，在边界上下，即 75cm 处和 105cm 处分别安装两支负压计用以监测这两点的基质势 ψ_m，计算中垂直坐标 Z 的方向取向上为正，由非饱和流动的达西定律可计算下边界的水流通量，即

$$q = -K(\overline{\psi_m})\left(\frac{\psi_{m2}-\psi_{m1}}{Z_2-Z_1}+1\right) \tag{4.5}$$

式中：$K(\overline{\psi_m})$ 为下边界土壤的非饱和导水率和基质势关系的表达式，cm/d；ψ_{m1}、ψ_{m2} 分别为深度为 75cm、105cm 处的基质势值，cmH_2O；$\overline{\psi_m}$ 为 ψ_{m1} 和 ψ_{m2} 的平均值，cmH_2O；Z_1、Z_2 分别为 75cm 及 105cm 深度这两点处的垂直坐标，cm。

土水势也称为土壤吸力，它的大小可以反映土壤水分的动态变化，通过测定土水势就

可以了解土壤水分的变化，为农业合理灌溉提供科学依据。在研究中，土壤基质势采用负压表型张力计进行测量。负压表型张力计是一种方便、快捷的测量仪器，它测定土壤基质势的原理是：当陶土头插入被测土壤后，管中的纯自由水便通过多孔陶土壁与土壤水建立水力联系。由于仪器中自由水的势值总是高于非饱和土壤水的势值，因而管中的水很快流向土壤，并在管中形成负压，随之，该负压值便由与管相连通的负压计表示出来。当仪器内外的势值达到平衡时，由负压表式张力计的稳定读数就能测得土壤水的吸力值。试验中分别在小麦地和玉米地各设置一组张力计，每组两支张力计，采取直插方式埋设，埋设深度分别为75cm和105cm。张力计埋设后，每天早晨定时观测记录张力计读数，并向张力计中加水以保证管中水位高于张力计负压表表头高度而不致使张力计击穿，需要注意的是，这一读数并不是土壤基质势读数，基质势与张力计表头读数的关系可以用式（4.6）表达，即

$$\psi_{m}=10.2\psi_{wp}+Z \tag{4.6}$$

式中：ψ_m 为测点（陶土头处）的土壤水基质势，cmH_2O；ψ_{wp} 为张力计负压表的读数，kPa；Z 为陶土头中心到负压表的高度，cmH_2O。

本书中以105cm深度为零重力势面，作物生育期小麦地75cm、105cm处土水势变化如图4.3所示。由图可以看出，虽然土壤土水势变化比较剧烈复杂，但是作物生长期下边界土水势变化呈现规律性变化。每次灌水后不论是75cm处还是105cm处土水势都有比较明显的升高，显而易见，这是因为灌溉后土壤含水率较高的缘故。根据这一变化规律，从图中可以清楚地反映出小麦生育期经历了4次灌水，这一规律也同时反映了农田水分的实际运动情况，每次灌溉后，灌溉水补充根系层土壤水库后，剩余的水量便流出作物根系层，补充了下部土层水库或渗漏补给了地下水，此时作物根系层土水势要高于土壤下层土水势。研究区地下水位较浅，灌水后较长时间，作物根系层土壤相对较干，作物根系层土水势低于下层土壤土水势，此时地下水又补给作物根系层为作物所利用。

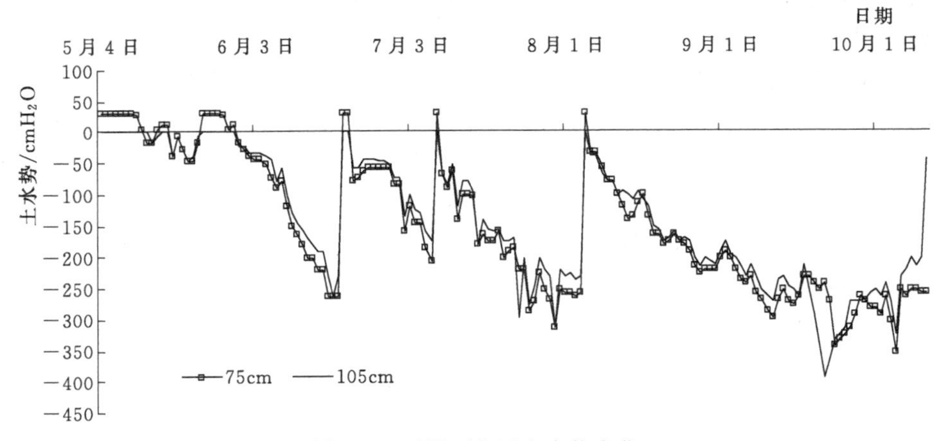

图4.3 下界面上下土水势变化

4.1.5 作物蒸发蒸腾量

经过对水量平衡公式的移项变形，可以得到以SPAC系统水量平衡为基础的计算作

物蒸发蒸腾量的公式，即

$$ET_C = I + P + G - D - \Delta W \tag{4.7}$$

式中：ET_C 为作物蒸发蒸腾量，mm；I 为灌溉水量，mm；P 为有效降雨，mm；G 为地下水补给量，mm；D 为土壤水渗漏量，mm；ΔW 为根区土壤储水量变化，mm。

4.2 不同地表条件下土壤温度变化分析

以轻度含盐土壤冬小麦生育期内的土壤实测温度进行分析，测定小区分别为无覆盖对照处理 1（CK－W）、地膜覆盖对照处理 5（CK－DM）和秸秆覆盖对照处理 12（CK－JG）。土壤温度测量采用普通温度计进行，各测点的测定深度分别为 5cm、15cm、25cm 和 40cm；每天测 3 次，分别在 8：00、13：00 和 18：00 进行，取其平均值作为日均温度值进行分析，常规测定为每 7 天一次；各测点土层的土壤温度采用曲管地温计（锦州利诚 WQJ－16 型）测定，量程为－20～50℃，并采用插针式地温传感器（联创思源 FDS120 型）对其中两个测点的土壤温度进行了验证，误差均在 10.0%以内。

4.2.1 不同覆盖条件土壤温度影响分析

根据 2012—2013 年度田间实测土壤温度数据进行不同覆盖条件各土层土壤温度的影响分析。图 4.4 所示为地膜覆盖、秸秆覆盖和无覆盖 3 种处理下冬小麦整个生育期内 5cm 土层的土壤温度过程线。从图中可看出冬小麦在整个生育期，地膜覆盖条件能使 5cm 土层产生明显的增温，在 2012 年 12 月 9 日土壤进入快速冻结期时，与无覆盖相比，5cm 土层增温最高达 6.2℃；当冬小麦进入返青期后，气温开始回升，覆膜处理增温效果也十分显著，在土壤融解期的 2013 年 4 月 12 日 5cm 土层增温最高达 4.3℃；直到拔节期和乳熟期地膜覆盖的增温效果不明显，这可能是由于在该生育期各处理的生物量指标较大，植株的遮阴率较高，尤其叶面积指数的提高使地膜覆盖处理冠层截获的能量大于无覆盖处理，直射到地表的能量减少，从而增温效果大大降低。

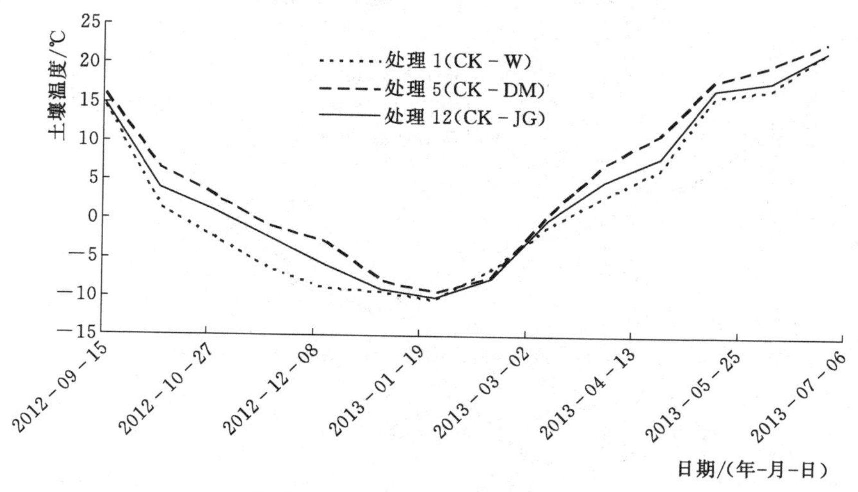

图 4.4　5cm 土层土壤温度过程线

从图4.4中还可看出，冬小麦在整个生育期秸秆覆盖的土壤温度一直低于地膜覆盖处理而高于无覆盖处理，特别是在土壤冻结过程和融解过程两种覆盖增温效果显著；在土壤进入冻结期的2012年10月15日至次年1月5日，5cm土层的增温均在1.5～3.5℃；在土壤冻结期的2012年11月29日5cm土层增温最高达3.4℃；比地膜覆盖增温最高时间偏早11天，且最大增温值偏小2.8℃；同样在土壤融解期，秸秆覆盖的增温效果比地膜覆盖偏低。

图4.5～图4.7分别为15cm、25cm和40cm土壤深度3种处理的温度过程线。由图中可知，地膜覆盖和秸秆覆盖处理的土壤温度始终比无覆盖处理的土壤温度高，地膜覆盖的增温效果最好，秸秆覆盖处理增温效果次之；随着土层深度的增大，地膜覆盖和秸秆覆盖处理的增温效果均逐渐降低，40cm土层增温效果最差，与无覆盖处理相比，40cm土层地膜覆盖和秸秆覆盖处理的增温最大值分别为3.1℃和1.8℃，远小于5cm土层的增温效果。

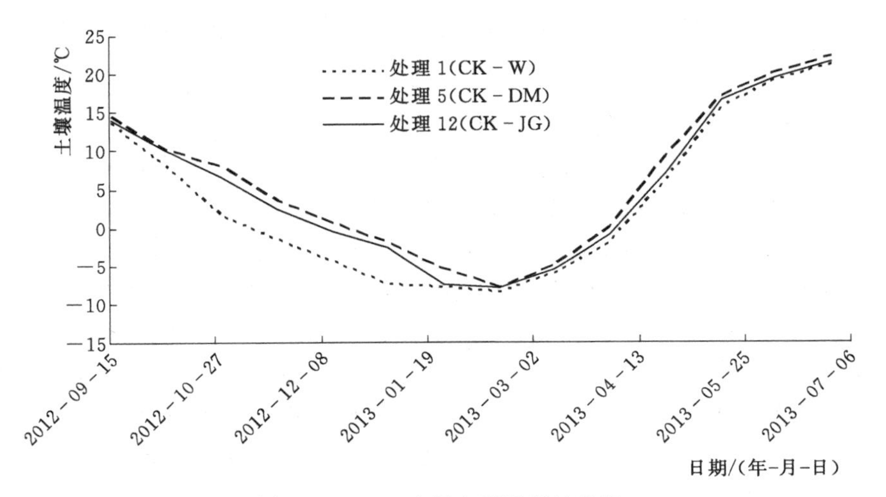

图4.5　15cm土层土壤温度过程线

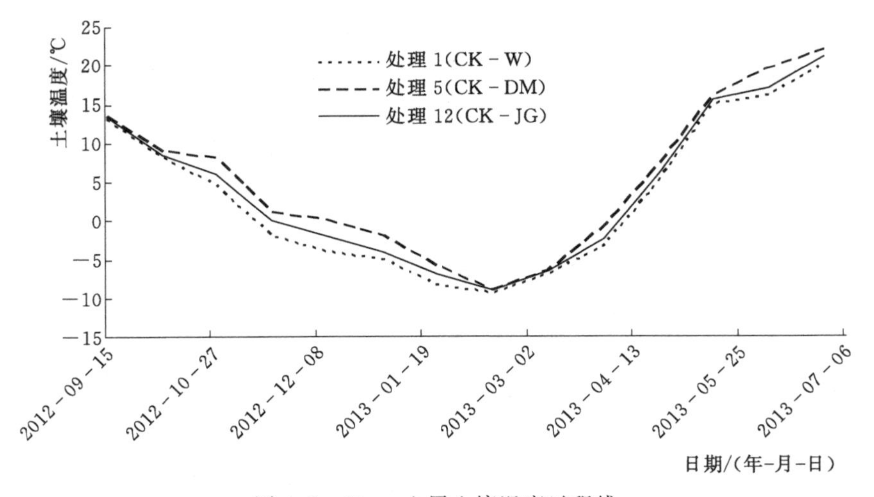

图4.6　25cm土层土壤温度过程线

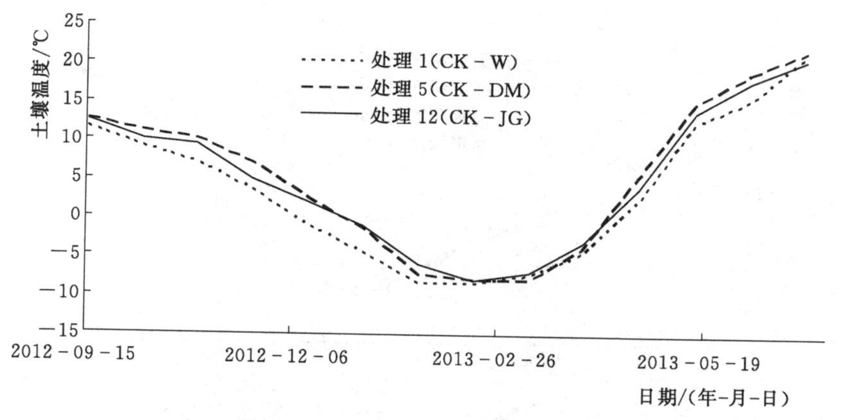

图 4.7 40cm 土层土壤温度过程线

上述分析结果表明，地膜覆盖和秸秆覆盖对土壤增温影响主要在土壤表土层，随着深度的增加，增温效果逐渐降低，40cm 的增温作用较小。

4.2.2 不同土层土壤温度影响分析

图 4.8～图 4.10 分别为冬小麦无覆盖、地膜覆盖和秸秆覆盖处理各土层的土壤温度过程线。从图 4.8 中可以看出，对于无覆盖处理冬小麦在整个生育期土壤温度总的变化趋势是：在土壤冻结前，5cm 土层的土壤温度比其他土层稍微偏高，40cm 土层的土壤温度最低；进入冻结期，随着气温的降低，5cm 土层的土壤温度显著降低，而 40cm 土层的土壤温度下降最慢；直到进入冻结稳定期，各土层的土壤温度逐渐接近，约在 2013 年 1 月 28 日，各土层的土壤温度均降低至约−9.5℃；随后进入融解期，随着气温的不断升高，表层土开始融解，5cm 土层的土壤温度不断升高，而 40cm 土层的土壤温度升高最慢，直到 2013 年 4 月 15 日，各层土的土壤温度均升高至 0℃以上；之后气温快速升高，各层土壤温度在大约 20 天左右均达到 10℃以上。

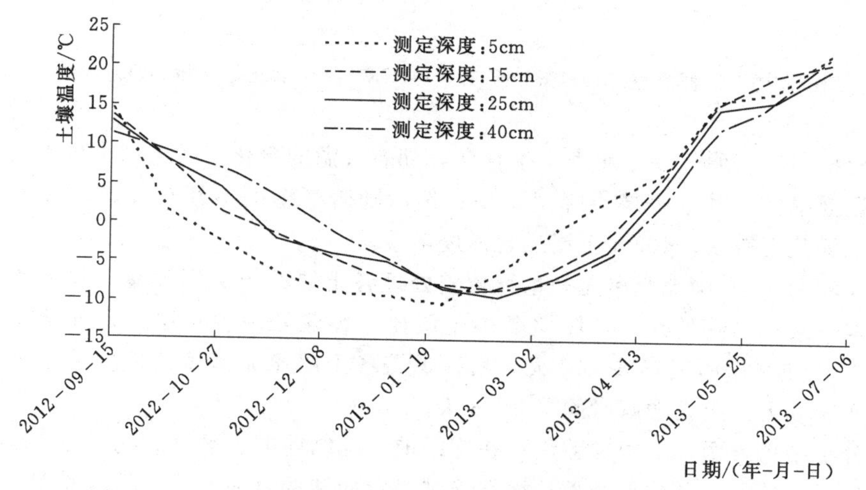

图 4.8 无覆盖充分灌溉处理 1（CK-W）各土层土壤温度过程线

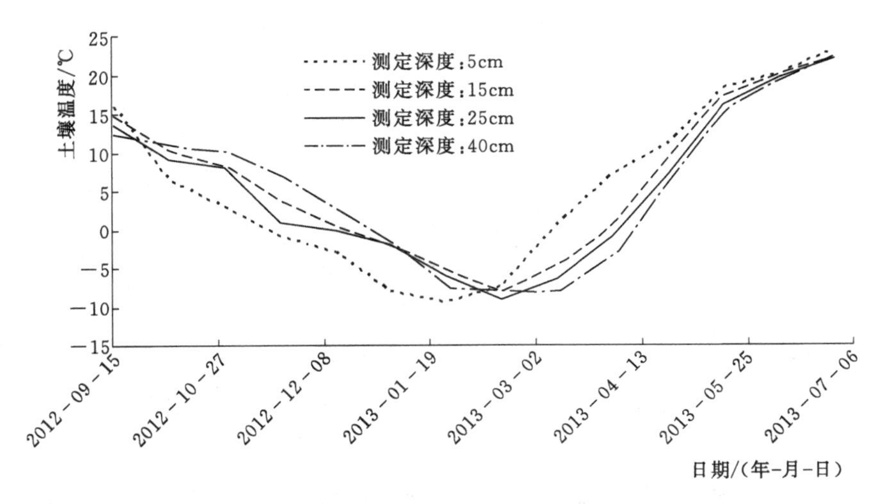

图 4.9　地膜覆盖充分灌溉处理 6-1（CK-DM）各土层土壤温度过程线

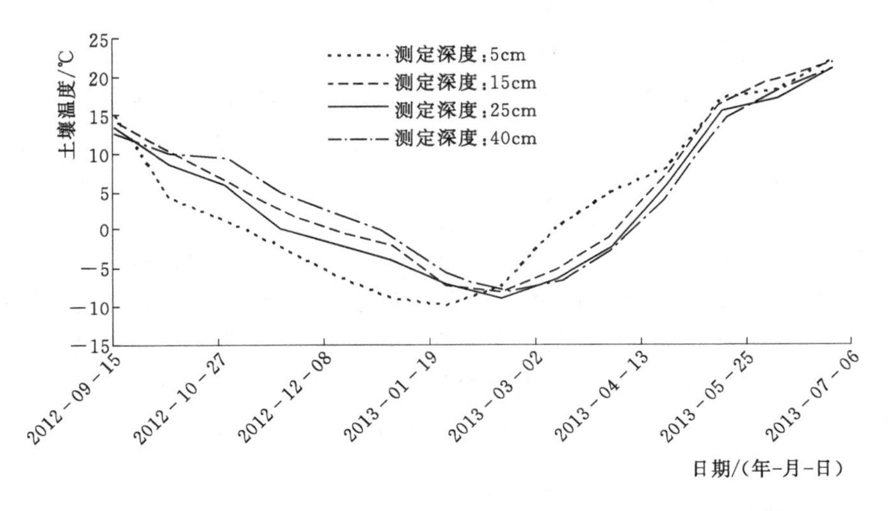

图 4.10　秸秆覆盖充分灌溉处理 12-1（CK-JG）各土层土壤温度过程线

上述分析结果表明，在冬小麦全生育期，随着气温的变化，各土层土壤温度总的变化趋势是先逐渐降低，其中表层土降温最快；然后随着气温的不断升高，5cm 土层最先融解，并且融解速度较快，40cm 土层融解速度最慢。

图 4.9 和图 4.10 中地膜覆盖和秸秆覆盖处理各土层的土壤温度总的变化趋势与无覆盖处理基本一致；不同的是，地膜覆盖各土层比无覆盖处理各土层进入冻结期的时间晚 10～15 天，土壤融解时间早 8～12 天；秸秆覆盖各土层比无覆盖处理各土层进入冻结期的时间晚 5～10 天，土壤融解时间早 3～8 天。

上述分析结果表明，地膜覆盖无论在冻结前、冻结前期、融解后期对各土层均具有较好的增温效果，秸秆覆盖效果稍差；而在冻结稳定期和融解前期无论是地膜覆盖还是秸秆覆盖，基本均无增温作用。

4.3 土壤盐分监测和预报

4.3.1 数据的采集与处理

盐分资料选用试验区水盐动态监测点资料，监测点位于三支渠、四支沟和三斗沟之间。土壤轻度盐渍化，农业种植多以秋田和套种为主。土壤质地上层为黏土，下层为壤土。盐分的采样层次分别为0～10cm、10～20cm、20～40cm、40～70cm、70～100cm、100～150cm、150cm至地下水，定期取样、化验可溶性盐分。本书选取0～10cm、10～20cm、20～40cm、40～70cm、70～100cm这5个层次的盐分为分析对象。对于某个时段观测时距较大的作内插处理。根据时序建模理论知，建立时序模型一般要求等时距取样。研究表明，在一定的土质条件下，影响冻结层内盐分增量的大小主要与封冻时土壤的含盐量和地下水埋深有关。因此，本书分别建立了速冻末、最大冻深、消融期末的土壤含盐量与封冻时土壤含盐量的线性相关方程，其相关方程见表4.1。

表4.1　土壤封冻时盐分与不同冻融时期盐分含量相关方程

土壤层次/cm	冻融时期	相关方程	样本容量	相关系数
0～10	速冻末	$S_{速}=1.455221308S_{封}-0.974591$	16	$r=0.88$
	最大冻深	$S_{最}=2.263439754S_{封}-0.08196928$	16	$r=0.90$
	消融末	$S_{消}=11.88754536S_{封}^{1.817237901}$	16	$r=0.82$
10～60	速冻末	$S_{速}=1.730210957S_{封}-0.04654656$	16	$r=0.95$
	最大冻深	$S_{最}=1.884024687S_{封}-0.05414325$	14	$r=0.97$
	消融末	$S_{消}=1.274882873S_{封}-0.01800017$	16	$r=0.93$
60～110	速冻末	$S_{速}=1.132616864S_{封}-0.007908429$	16	$r=0.98$
	最大冻深	$S_{最}=1.549911524S_{封}-0.03198192$	16	$r=0.98$
	消融末	$S_{消}=0.944485004S_{封}+0.013793191$	16	$r=0.93$

注　$S_{速}$指土壤速冻期末的盐分含量；$S_{最}$指最大冻深时土壤的含盐量；$S_{消}$指土壤在消融期末的盐分含量。潜水埋深资料从地下水动态观测资料中按时距摘取。

4.3.2 随机时序模型的建立与预报效果

1. 单变量随机时序模型

土壤水盐系统是一个十分复杂的系统，系统的盐分输出受许多因素制约，其机制十分复杂。本书从随机理论的观点出发，不研究土壤水盐系统的内部转换机制，从宏观角度上，视土壤盐分观测值为土壤水盐系统的随机输出。根据已测到的水盐动态数据，建立与实际的土壤水盐系统输出等价的模型，研究盐分序列自身的相依关系，预报盐分序列的未来值。土壤水盐系统本身是一个非线性系统，由于线性系统辨识具有一套成熟的理论和方法，通过简化将非线性系统近似看作线性系统或分段线性系统。本书从线性和非线性的角度建立单变量的线性和非线性模型，以便对水盐动态数据的跟踪性能和预报性能模型进行比较，选择最佳的模型作为预报模型。

(1) 单变量线性随机时序模型。单变量线性随机时序模型结构简单，其建模理论和方法比较成熟。该模型得到了广泛的应用和发展，特别是自回归滑动平均模型（ARMA）。ARMA 模型具有随机差分方程的形式，揭示了动态数据本身的结构和规律，可以定量地了解观测数据之间的相依特性。本书利用 ARMA 模型拟合土壤不同层次的盐分随机序列，建立单变量线性随机时序模型，并对未来的发展趋势作出预测。

1）单变量线性随机时序模型的数学描述。用 ARMA(n,m) 模型描述土壤水盐系统的盐分输出，要求土壤水盐系统具有平稳的特性。但实际的土壤水盐系统由于受自然因素和人为因素的制约，其盐分输出可能呈现某种趋势性和周期性。故描述盐分序列的单变量线性随机时序模型应由 ARMA(n,m) 模型叠加周期性分量和趋势性分量。其数学表示式为

$$X(t)=Y(t)+F(t)+P(t) \tag{4.8}$$

式中：$X(t)$ 为土壤中定点某一层次的盐分随机变量；$Y(t)$ 为平稳随机变量，用 ARMA(n,m) 描述；$P(t)$ 为周期性分量；$F(t)$ 为趋势性分量。

2）趋热性分量的检验与提取。对不同层次的土壤盐分序列利用逆序检验法检验其是否具有趋势因子。其检验方法为计算统计量：

$$U=\frac{\left[A+\dfrac{E(A)}{2}\right]}{\mathrm{Var}(A)} \tag{4.9}$$

式中：A 为逆序总数；$E(A)=M(M-1)/4$；$\mathrm{Var}(A)=M(2m^2+3m-5)/72$；$M$ 为分段数。统计量 μ 服从（0，1）的正态分布，在选定显著性水平 α 的基础上（$\alpha=0.05$），如果 μ 在 ±1.96 范围内，则接受序列无趋势的假设。本书分别用逆序检验法对各层次的盐分含量的随机序列进行检验。其中取 $\alpha=0.05$，其统计量 μ 皆在 ±1.96 范围内，因此可以认为各层盐分含量随机序列趋势性不明显。因此，不考虑其趋势性分量。

3）周期性分量的提取。盐分含量随机序列是否具有周期性，需做周期性的显著性检验，其方法为假定序列具有周期性分量，利用傅里叶级数表示为

$$X(t)=A_0+\sum_{k=1}^{M}\left[A_k\cos\left(\frac{2\pi kt}{N}\right)+B_k\sin\left(\frac{2\pi kt}{N}\right)\right] \tag{4.10}$$

式中：A_0、A_k、B_k 分别为傅里叶级数系数，计算公式为

$$\left.\begin{aligned}A_0&=\frac{1}{N}\sum_{t=1}^{N}X(t)\\A_k&=\frac{2}{N}\sum_{t=1}^{N}X(t)\cos\left(\frac{2\pi kt}{N}\right)\\B_k&=\frac{2}{N}\sum_{t=1}^{N}X(t)\sin\left(\frac{2\pi kt}{N}\right)\end{aligned}\right\} \tag{4.11}$$

式中：N 为序列总数；k 为谐波号码；M 为有效谐波数（$M\leqslant N/2$）。

各谐波的振幅为

$$C_k=(A_k^2+B_k^2)^{1/2} \tag{4.12}$$

本书在取定显著性水平 $\alpha=0.05$ 的情况下对不同层次的盐分含量随机序列作了周期性显著性检验，其周期性是比较显著的。对不同层次的盐分序列，分别提取了不同项数的周期分量，具体见表 4.2。

表 4.2　　土壤不同层次盐分的周期分量

土壤层次/cm	周期性分量 $P_i(t)$
0～10	$P_1(t)=-0.03093\cos(2\pi t/36)+0.02928\sin(2\pi t/36)-0.01843\cos(4\pi t/36)+0.01741\sin(4\pi t/36)+0.04082\cos(6\pi t/36)+0.01903\sin(6\pi t/36)$
10～20	$P_2(t)=-0.02636\cos(2\pi t/36)+0.04200\sin(2\pi t/36)+0.02593\cos(6\pi t/36)+0.00037\sin(6\pi t/36)-0.01810\cos(8\pi t/36)+0.00669\sin(8\pi t/36)$
20～40	$P_3(t)=-0.01466\cos(2\pi t/36)+0.01460\sin(2\pi t/36)-0.00280\cos(4\pi t/36)+0.01966\sin(4\pi t/36)+0.01285\cos(6\pi t/36)-0.00625\sin(6\pi t/36)$
40～70	$P_4(t)=-0.01492\cos(2\pi t/36)+0.02750\sin(2\pi t/36)-0.01960\cos(4\pi t/36)+0.01088\sin(4\pi t/36)$
70～100	$P_5(t)=-0.01144\cos(2\pi t/36)+0.02664\sin(2\pi t/36)-0.02113\cos(4\pi t/36)+0.00917\sin(4\pi t/36)-0.00867\cos(18\pi t/36)-0.00978\sin(18\pi t/36)$

4）随机分量 $Y(t)$ 的建模。实测的盐分随机序列经剔除周期项，即 $Y(t)=X(t)-P(t)$ 后，$Y(t)$ 变为平稳的具有相依和独立成分的随机变量。利用 ARMA(n,m) 拟合随机变量 $Y(t)$，自回归滑动平均模型 ARMA(n,m) 可表示为

$$Y(t)=\sum_{i=1}^{n}\Phi_i Y(t-i)-\sum_{i=1}^{m}\theta_i\varepsilon(t-i)+\varepsilon_t \tag{4.13}$$

式中：Φ_i、n 分别为自回归部分的系数和阶数；θ_i、m 分别为滑动平均部分的系数和阶数；ε_t 为服从 $(0,\sigma_6^2)$ 的正态分布的正态序列。

a. 序列的平稳性及正态检验：建立 ARMA(n,m) 模型的序列需满足一定条件，最基本的条件是序列需满足平稳性和正态性。

序列的平稳性检验采用逆序检验法检验。本书对剔除了周期分量后的随机分量 $Y(t)$ 进行检验，它们皆通过了逆序检验。

序列的正态性检验采用峰度与偏度检验法检验。序列正态性的峰度，偏度检验法的要点如下：计算不同层次盐分序列的峰度系数和偏度系数，当序列的偏度系数为零、峰度系数等于 3 时，认为序列为正态序列。

本书对土壤不同层次盐分的平稳序列 $Y(t)$，运用峰度、偏度检验法检验，它们的偏度系数均接近于零，峰度系数接近于 3，因此，近似地认为 $Y_i(t)(i=1,2,\cdots,5)$ 序列为正态序列。

b. 拟合残差 ε_t 的白噪声检验：拟合残差 ε_t 的白噪声检验是时序建模中关键的一项检验。如果 ε_t 没有通过白噪声检验，则说明模型不是最优的，需重新拟合。

拟合残差的白噪声检验取 Q－准则来检验。

由于对 k 个独立服从于 $N(0,1)$ 随机变量的平方和服从于自由度为 k 的 χ^2－分布，

对于预先给定的显著性水平 α，由 χ^2 分布表可查出 $\chi^2_{k\alpha}$。

其中

$$P(\chi^2_k \geqslant \chi^2_{k\alpha}) = \alpha \tag{4.14}$$

现假设 $\sqrt{N}\rho_r(N,\varepsilon)(i=1,2,\cdots,k)$ 是 k 个独立的、服从于 $N(0,1)$ 分布的随机变量。其中 $\rho_r(N,\varepsilon)=\frac{1}{N}\sum_{t=1}^{N-t}\varepsilon_t\varepsilon_{t+r}\Big/\frac{1}{N}\sum_{t=1}^{N}[\varepsilon^2_t]$，则统计量 $Q_k=N\sum_{r=1}^{k}\rho^2_r(N,\varepsilon)$ 服从自由度为 k 的中心 χ^2 分布。如果 $Q_k \leqslant \chi^2_{k\alpha}$，则在 $1-\alpha$ 的置信水平上认为序列 $\varepsilon_1,\cdots,\varepsilon_N$ 为白噪声序列；否则否定假设。

c. 模型的定阶：Box - Jenkins 根据样本自相关、偏相关的统计特性，提出了一整套建模方法。而吴贤铭和 Pandit 从系统分析的角度出发，改进了 Box - Jenkins 的建模方法，其建模方法是利用 AMAR$(n,n-1)$ 来拟合动态数据，使用 F 检验法确定模型的最佳阶数。本书由于样本容量较小，阶数 n 不会很大，因此，直接用 ARMA$(n,m)(n \geqslant m)$ 拟合经标准化、规范化后的盐分序列 Z_t，$Z_t=(Y_t-\mu)/\sigma$。其中 μ 为序列的均值，σ 为序列的标准差。由 BIC 准则确定其阶数。具体做法是：对于给定的最高阶数，模型从 ARMA（1，0）开始，逐步增加其阶数，计算 BIC 值，取最小的 BIC 所对应的模型阶数为最佳阶数。

d. 模型的参数估计：就是利用盐分数据推断参数 $\{\Phi_1,\cdots,\Phi_n,\theta_1,\cdots,\theta_n,\mu,\sigma^2_6\}$ 的值。参数的估计方法有矩阵法、最小二乘法、极大似然法、逆函数法。本书选用逆函数法估计模型参数的初值，用非线性的最小二乘法对模型的参数作出精确估计。

对于参数的精确估计本书采用阻尼高斯-牛顿最小二乘法。该方法兼有最速下降法和高斯-牛顿法的优点。它既保证了迭代运算的收敛性，又加速了迭代的速度。

阻尼高斯-牛顿法估计参数的要点如下。

对于 ARMA(n,m) 模型，有

$$Z(t)=\sum_{i=1}^{n}\Phi_i Z(t-i)-\sum_{i=1}^{m}\theta_i\varepsilon(t-i)+\varepsilon_t \tag{4.15}$$

式中：$Z(t)$ 为 $Y(t)$ 经标准化、归一化后的随机变量。为了简化，用 Z_t 表示 $Z(t)$，则 Z_t 可表示为一般的形式，即

$$Z_t=f_t(\Phi_i,\theta_i,Z_i)+\varepsilon_t \quad (t=1,2,\cdots,N) \tag{4.16}$$

用矩阵表示为

$$\boldsymbol{Z}=\boldsymbol{F}(\boldsymbol{X},\boldsymbol{\beta})+\boldsymbol{e} \tag{4.17}$$

其中：$\boldsymbol{Z}=[Z_1,Z_2,\cdots,Z_n]^T$，$\boldsymbol{F}=[f_1,f_2,\cdots,f_N]^T$，$\boldsymbol{e}=[\varepsilon_1,\varepsilon_2,\cdots,\varepsilon_N]^T$，$\boldsymbol{\beta}=[\Phi_1,\Phi_2,\cdots,\Phi_n,\theta_1,\theta_2,\cdots,\theta_m,\mu]^T$，$\boldsymbol{X}=[Z_{t-1},Z_{t-2},\cdots,Z_{t-n}]^T$。

残差平方和为 $\boldsymbol{Q}=[\boldsymbol{Y}-\boldsymbol{F}(\boldsymbol{X},\boldsymbol{\beta})]^T[\boldsymbol{Y}-\boldsymbol{F}(\boldsymbol{X},\boldsymbol{\beta})]$，使 $\boldsymbol{Q}$ 达到最小推求参数。由于上述方程是非线性的，因此采用迭代法求解参数集 $\boldsymbol{\beta}$。

当第 k 次参数的估计值为 $\boldsymbol{\beta}^{(k)}$ 时，则第 $k+1$ 次参数的估计值 $\boldsymbol{\beta}^{(k+1)}$ 为

$$\boldsymbol{\beta}^{(k+1)}=\boldsymbol{\beta}^{(k)}[\boldsymbol{X}^{\mathrm{T}(k)}\boldsymbol{X}^{(k)}+\lambda^{(k)}\boldsymbol{I}]^{-1}\boldsymbol{X}^{\mathrm{T}(k)}[\boldsymbol{Y}-\boldsymbol{F}^{(k)}] \tag{4.18}$$

式中：$\lambda^{(k)}$ 为第 k 次的阻尼系数；$[\boldsymbol{Y}-\boldsymbol{F}^{(k)}]$ 是第 k 次的残差向量，$\boldsymbol{F}^{(k)}=\boldsymbol{F}[\boldsymbol{\beta}^{(k)}]$；$\boldsymbol{X}^{(k)}$ 是 $\boldsymbol{\beta}=\boldsymbol{\beta}^{(k)}$ 时的灵敏度矩阵，即

$$\begin{bmatrix} \frac{\partial f_1}{\partial \Phi_1} & \frac{\partial f_1}{\partial \Phi_2} & \cdots & \frac{\partial f_1}{\partial \Phi_n} & \frac{\partial f_1}{\partial \theta_1} & \cdots & \frac{\partial f_1}{\partial \theta_m} & \frac{\partial f_1}{\partial \mu} \\ \frac{\partial f_2}{\partial \Phi_1} & \frac{\partial f_2}{\partial \Phi_2} & \cdots & \frac{\partial f_2}{\partial \Phi_n} & \frac{\partial f_2}{\partial \theta_1} & \cdots & \frac{\partial f_2}{\partial \theta_m} & \frac{\partial f_2}{\partial \mu} \\ \cdots & \cdots & \ddots & \cdots & \cdots & \ddots & \cdots & \cdots \\ \frac{\partial f_N}{\partial \Phi_1} & \frac{\partial f_N}{\partial \Phi_2} & \cdots & \frac{\partial f_N}{\partial \Phi_n} & \frac{\partial f_N}{\partial \theta_1} & \cdots & \frac{\partial f_N}{\partial \theta_m} & \frac{\partial f_N}{\partial \mu} \end{bmatrix} \tag{4.19}$$

其中：

$$f_t = \Phi_1 Z_{t-1} + \cdots + \Phi_n Z_{t-n} - \theta_1 \varepsilon_{t-1} - \cdots - \theta_m \varepsilon_{t-m} \quad (t=1,2,\cdots,N)$$

这样，利用逆函数法得到参数的初估值，代入式（4.18）中进行迭代，直到满足精度要求为止。

模型建模结果及预报：本书取 $N=36$，对土壤5个层次的平稳盐分序列 $Y_i(t)(i=1,2,\cdots,5)$，利用上述方法建模，最后得到了表4.3的结果。

表4.3　　土壤不同层次盐分平稳序列 $Y(t)$ 建模结果

土壤层次/cm	阶数 n	阶数 m	均值估计值 μ_i	模型表达式
0～10	1	0	0.160198	$Y_1(t)=0.160198-0.197127[Y_1(t-1)-0.160198]+\varepsilon_1(t)$
10～20	1	0	0.131553	$Y_2(t)=0.131553+0.372785[Y_2(t-1)-0.131553]+\varepsilon_2(t)$
20～40	1	0	0.112222	$Y_3(t)=0.112222+0.210521[Y_3(t-1)-0.112222]+\varepsilon_3(t)$
40～70	1	0	0.118263	$Y_4(t)=0.118263-0.102750[Y_4(t-1)-0.118263]+\varepsilon_4(t)$
70～100	1	0	0.115050	$Y_5(t)=0.115050+0.0742858[Y_5(t-1)-0.115050]+\varepsilon_5(t)$

由于所建的模型都是AR(1)模型，因此，在最小方差意义的预报方法如下。

对于 $Y_i(t)=\mu_i+\Phi_i[Y_i(t-1)-\mu_i]+\varepsilon_i(t)$，第 L 步的预报公式为

$$Y_i^{(L)}(t)=\mu_i+\Phi_i^L[Y_i(t)-\mu_i] \quad (i=1,2,\cdots,5) \tag{4.20}$$

式中：$Y_i^{(L)}(t)$ 为第 i 层土壤盐分平稳序列在时刻 t 时的 L 步预报值。

单变量线性随机时序模型的建模结果、预报及预报效果见表4.4。

表4.4　　单变量线性随机时序模型预报效果

方法		土壤层次 0～10cm	10～20cm	20～40cm	40～70cm	70～100cm
一步递推预报	<20%	89%	89%	80%	77%	80%
	<10%	63%	60%	60%	49%	51%
外推预报	<20%	100%	40%	60%	100%	80%
	<10%	40%	0%	40%	40%	20%

由式（4.8）知

$$X_i(t)=Y_i(t)+P_i(t) \quad (i=1,2,\cdots,5) \tag{4.21}$$

单变量线性随机时序模型的预报公式为

$$X_i^{(L)}(t)=Y_i^{(L)}(t)+P_i(t+L)\quad(i=1,2,\cdots,5)\tag{4.22}$$

式中：$X_i^{(L)}(t)$ 为第 i 层土壤盐分序列在时刻 t 时的第 L 步预报值。

分别对 0～10cm、10～20cm、20～40cm、40～70cm、70～100cm 土层的盐分在 $t<36$ 时作一步递推预报，对 $t=37\sim41$ 作外推预报。可以看出，单变量线性随机时序模型基本上控制了盐分动态变化趋势。

(2) 单变量非线性随机时序模型。任何随机模型都是对实际情况的近似描述，由于土壤水盐系统比较复杂，可采用不同的方式近似地描述该系统。土壤水盐系统是一个非线性系统，建立线性模型只是对它近似的描述，这里采取一定的方式修正其线性模型，使之更加真实地描述土壤水盐系统的盐分输出规律，并且将它与线性模型相比较，试图寻求好的水盐动态预测预报模型。现建立两种非线性随机时序模型，即指数自回归模型、疏系数门限自回归模型。

1) 指数自回归模型。采用指数自回归模型的目的，就是利用指数自回归模型拟合不同土层的土壤拟合盐量的动态数据，重现土壤水盐系统的盐分输出特性，并预报其未来的发展规律。对于阶数为 n 的指数自回归模型，其数学表示式为

$$\begin{aligned}X_i=&\{\alpha_1+\beta_1\exp[-\gamma X_i^2(t-1)]\}X_i(t-1)+\cdots\\&+\{\alpha_n+\beta_n\exp[-\gamma X_i^2(t-n)]\}X_i(t-n)+\varepsilon_i(t)\quad(i=1,2,\cdots,5)\end{aligned}\tag{4.23}$$

式中：α_1，…，α_n，β_1，…，β_n 为参数；$\varepsilon_i(t)$ 为拟合残差，它服从 $(0,\sigma_6^2)$ 的正态分布。

指数自回归模型由于在极限环境的控制下是收敛的。

a. 指数自回归模型参数估计与定阶：模型式（4.23）中的参数 α_1，…，α_n，β_1，…，β_n 和 γ 通常用线性最小二乘法来确定，一般由给定的 γ 值估计参数，由式（4.24）计算 AIC 的值，即

$$AIC=\frac{\ln(\sigma_6^2)+4n}{N}\tag{4.24}$$

式中：σ_6^2 为拟合残差方差；n 为模型阶数；N 为数据总数。选择不同的 γ 值，求出最小的 AIC 值所对应的阶数、参数即为所求。建模结果、预报及预报效果：为了更好地拟合水盐动态数据，先对数据开平方处理后，提取周期项，然后对剔除了周期分量的序列利用指数自回归模型拟合。对土壤不同层次的盐分序列采用上述方法建模，具体结果见表 4.5。

表 4.5　　指数自回归模型预报效果

方法		土壤层次				
		0～10cm	10～20cm	20～40cm	40～70cm	70～100cm
一步预报	<20%	92%	89%	94%	94%	94%
	<10%	61%	61%	64%	69%	67%
外推预报	<20%	100%	80%	60%	100%	80%
	<10%	40%	60%	40%	60%	40%

指数自回归模型的预报方法与单变量自回归模型的预报方法差不多，其预报模型的通式为

$$\begin{aligned} X_t(l) = \alpha_0 &+ \{\alpha_1 + \beta_1 \exp[-\gamma X_t^2(l-1)]\} X_t(l-1) + \cdots \\ &+ \{\alpha_i + \beta_i \exp[-\gamma X_t^2(l-i)]\} X_t(l-i) + \cdots \\ &+ \{\alpha_n + \beta_n \exp[-\gamma X_t^2(l-n)]\} X_t(l-n) + P(t+l) \end{aligned} \tag{4.25}$$

式中：$X_t(l-i)$ 为 t 时刻的第 $l-i$ 步预测值，当 $(l-i) \leqslant 0 (i=1,2,\cdots,n)$ 时，$X_t(l-i) = X(t+l-i)$；$X(t+l-i)$ 为 $t+l-i$ 时刻的实测值的开平方值。

b. 对不同土层的盐分序列进行预报：对 $t=1$，2，…，36，取 $l=1$ 作一步递推预报，而对 $t=37$，…，41 作外推预报，然后将预报值平方还原为实际的盐分序列，得出指数模型比单变量线性模型的跟踪效果好。

2）疏系数门限自回归模型。由于疏系数门限自回归模型可以用较少的参数拟合较高阶数的模型，在较大的范围内考虑各个变量之间的相依关系，疏系数门限自回归模型可以用较少的参数估计得到较优的模型，可大大减少参数估计的计算量。因此，采用疏系数门限自回归模型来拟合水盐动态数据，建立疏系数门限自回归模型。

a. 疏系数门限自回归模型的数学描述：对于具有 $r-1$ 个门限值的门限自回归方程，可表示为

$$X(t) = \begin{cases} \beta_0^{(1)} + \beta_1^{(1)} X(t-1) + \cdots + \beta_n^{(1)} X(t-n_1) + \varepsilon_t^{(1)} & [X(t-d) \leqslant \overline{X}_1] \\ \beta_0^{(2)} + \beta_1^{(2)} X(t-1) + \cdots + \beta_n^{(2)} X(t-n_2) + \varepsilon_t^{(2)} & [\overline{X}_1 < X(t-d) \leqslant \overline{X}_2] \\ \vdots & \\ \beta_0^{(r)} + \beta_1^{(r)} X(t-1) + \cdots + \beta_n^{(r)} X(t-n_r) + \varepsilon_t^{(r)} & [X(t-d) > \overline{X}_{r-1}] \end{cases} \tag{4.26}$$

式中：d 为滞后值；$\overline{X}_1$，$\overline{X}_2$，…，$\overline{X}_{r-1}$ 为门限值；$n_1, n_2, \cdots, n_r$ 为各个自回归方程的阶数；$\varepsilon_t^{(1)}$，…，$\varepsilon_t^{(r)}$ 为白噪声序列，一般取 $r=2$（或 3）。

疏系数门限自回归模型是在门限回归模型的基础上，减少方程式（4.26）中的一些对 $X(t)$ 影响不太显著的变量，减少参数估计量，即使方程式（4.26）中的一些系数为零。

b. 疏系数门限自回归模型的参数估计与定阶：用疏系数估计法确定方程式（4.26）中的参数及阶数 n_1，n_2，…，n_r，门限滞后量和门限值。

门限自回归模型的疏系数估计法是在给定的门限滞后量的基础上，选择不同的门限值，在门限分区内，分别取其阶数 $n=1$，2，…，L（L 为最高阶数），根据各个变元的偏回归平方和的大小逐步剔除不重要的因素，并且用最小二乘法估计参数，计算 BIC 值，其分区内 BIC 计算公式为

$$BIC_1(n) = \ln[\sigma_6^2(n)] + \frac{2M\ln(N-n)}{N-n} \quad (i=1,2,\cdots,r) \tag{4.27}$$

式中：M 为待求参数总数；N 为数据总数；σ_6^2 为阶数为 n 时的残差方差。

对于 r 的分区计算总的 BIC 值，$BIC = \sum_{i=1}^{r} BIC_i(n)$ 变动滞后量和 r 值，由最小的 BIC 值确定门限滞后量、门限分区个数 r 和门限值。

c. 建模结果、模型及效果：根据具体情况，对不同层次土壤含盐量序列，分别取 $r=2$ 或 3、$d=1$ 或 2 进行疏系数门限自回归模型的建模，结果如下：

$$X_1(t)\begin{cases}=-0.0020+0.8222X_1(t-2)+0.2926X_1(t-3)-0.2322X_1(t-4)\\ \quad -0.3815X_1(t-5)-0.4008X_1(t-6)-0.0817X_1(t-7)\\ \quad +0.1813X_1(t-8)+0.6036X_1(t-9)+\varepsilon_t，[X_1(t-1)\leqslant 0.15]\\ =-0.0002+0.2542X_1(t-1)+0.5094X_1(t-2)+0.5285X_1(t-3)\\ \quad +0.1148X_1(t-4)-0.3690X_1(t-5)-1.4317X_1(t-6)\\ \quad +0.2693X_1(t-7)+0.2555X_1(t-8)+\varepsilon_t，[0.15<X_1(t-1)\leqslant 0.18]\\ =-0.0008+1.0098X_1(t-1)-0.3473X_1(t-2)+0.2890X_1(t-3)\\ \quad -1.1036X_1(t-4)+1.0086X_1(t-6)-0.8739X_1(t-7)\\ \quad +1.0611X_1(t-8)+\varepsilon_t，[X_1(t-1)>0.18]\end{cases}\tag{4.28}$$

$$X_2(t)\begin{cases}=-0.0004+1.3141X_2(t-1)-0.2370X_2(t-2)+\varepsilon_t，[X_2(t-1)\leqslant 0.125]\\ =-0.0001+0.9586X_2(t-1)+1.3166X_2(t-2)-1.2419X_2(t-3)\\ \quad -3.75X_2(t-4)+4.5249X_2(t-5)-0.0742X_2(t-6)\\ \quad -1.2982X_2(t-7)-0.4132X_2(t-8)+0.8209X_2(t-9)\\ \quad +0.6419X_2(t-10)-0.5769X_2(t-11)+\varepsilon_t，[X_2(t-1)>0.125]\end{cases}\tag{4.29}$$

$$X_3(t)\begin{cases}=0.0026-0.3157X_3(t-1)+2.0883X_3(t-2)-0.4188X_3(t-8)\\ \quad +\varepsilon_t，[X_3(t-2)\leqslant 0.091]\\ =0.0002+1.3966X_3(t-1)-0.5113X_3(t-2)+0.2098X_3(t-4)\\ \quad +\varepsilon_t，[0.091<X_3(t-2)\leqslant 0.127]\\ =0.0018-0.4639X_3(t-1)+2.8062X_3(t-2)+1.0780X_3(t-3)\\ \quad -3.9155X_3(t-4)+1.3074X_3(t-7)+\varepsilon_t，[X_3(t-2)>0.127]\end{cases}\tag{4.30}$$

$$X_4(t)\begin{cases}=0.0010+0.8548X_4(t-1)+0.9071X_4(t-2)-0.5118X_4(t-3)\\ \quad +0.4535X_4(t-4)-0.2021X_4(t-5)-0.2111X_4(t-6)\\ \quad -0.2343X_4(t-9)+0.1435X_4(t-10)+\varepsilon_t，[X_4(t-2)\leqslant 0.109]\\ =-0.0001-0.5076X_4(t-1)+0.5120X_4(t-2)+0.6247X_4(t-3)\\ \quad -0.1348X_4(t-4)+0.2302X_4(t-6)-0.2574X_4(t-7)\\ \quad -0.3276X_4(t-9)+0.7469X_4(t-12)+\varepsilon_t，[X_4(t-2)>0.109]\end{cases}\tag{4.31}$$

$$X_5(t)\begin{cases}=-0.0013-1.2040X_5(t-1)+2.2057X_5(t-2)-0.3109X_5(t-3)\\ \quad +2.9175X_5(t-4)-0.7239X_5(t-5)-1.4065X_5(t-6)\\ \quad -0.5487X_5(t-7)+1.0422X_5(t-8)+1.3327X_5(t-9)\\ \quad -0.7869X_5(t-11)-0.8821X_5(t-12)+\varepsilon_t，[X_5(t-2)\leqslant 0.104]\\ =0.0016+0.2640X_5(t-1)+0.3819X_5(t-6)-0.2599X_5(t-9)\\ \quad +0.4706X_5(t-12)+\varepsilon_t，[X_5(t-2)>0.104]\end{cases}\tag{4.32}$$

d. 疏系数门限自回归模型的预报及效果：$r=3$ 的疏系数门限自回归模型的预报通式为

$$X^{(l)}(t)=\begin{cases}\beta_0^{(1)}+\beta_1^{(1)}X^{(l-1)}(t)+\cdots+\beta_1^{(1)}X^{(l-i)}(t)+\cdots+\beta_nX^{(l-n_1)}(t) & [X(t-d)\leqslant\overline{X}_1]\\ \beta_0^{(2)}+\beta_1^{(2)}X^{(l-1)}(t)+\cdots+\beta_1^{(2)}X^{(l-i)}(t)+\cdots+\beta_nX^{(l-n_2)}(t) & [\overline{X}_1<X(t-d)\leqslant\overline{X}_2]\\ \beta_0^{(3)}+\beta_1^{(l-1)}X(t)+\cdots+\beta_1X^{(l-i)}(t)+\cdots+\beta_nX^{(l-n_3)}(t) & [X(t-d)>\overline{X}_2]\end{cases}\tag{4.33}$$

式中：$X^{(l-i)}(t)$ 为 t 时刻的第 $l-i$ 步预报。当 $(l-i)\leqslant 0$ 时，$X^{(l-i)}(t)=X(t+l-i)$。

本书对 $t=1, 2, \cdots, 36$ 作了一步递推预报，对 $t=37, \cdots, 41$ 作了外推预报。外推预报时，当预报步数 $m>d$ 时，令 $X(t+m-d)=X^{(m-d)}(t)$ 来选择预报公式。

可以看出，疏系数门限自回归模型的预报效果是较好的，见表 4.6。无论是它的跟踪性能还是预报精度，都优于其他单量模型。因此，疏系数门限自回归模型可用于水盐动态的预测预报。

表 4.6　　疏系数门限自回归模型预报效果

方法		土壤层次				
		0～10cm	10～20cm	20～40cm	40～70cm	70～100cm
一步递推预报	<20%	100%	100%	96%	100%	100%
	<10%	96%	92%	82%	92%	87.5%
外推预报	<20%	100%	100%	80%	100%	80%
	<10%	100%	80%	60%	60%	0%

2. 多输入多输出随机时序模型

土壤水盐系统在外界影响因素的作用下，其盐分不断地做上行与下行的运移。盐分在剖面上不断地变化、不断地再分配。土壤各个层次的盐分相互迁移、相互影响。为了研究土壤各层次的盐分相互影响、相互迁移的规律，有必要建立描述土壤不同层次的盐分输出规律的剖面预报模型。本书根据实测的各层次盐分资料，建立五输入五输出的随机时序模型，研究其各层次的盐分在不同时刻的变化规律，预报未来剖面上盐分分布规律。

(1) 多输入多输出随机时序模型建模。多输入多输出的模型可用以下的矩阵形式表示，即

$$\boldsymbol{X}(t)=\boldsymbol{Y}(t)+\boldsymbol{P}(t)\tag{4.34}$$

式中：$\boldsymbol{X}(t)=[X_1(t),X_2(t),X_3(t),X_4(t),X_5(t)]^T$，$X_i(t)(i=1,2,\cdots,5)$ 为第 i 层土壤盐分含量的随机变量；$\boldsymbol{P}(t)=[P_1(t),P_2(t),P_3(t),P_4(t),P_5(t)]^T$，$P_i(t)(i=1,2,\cdots,5)$ 为第 i 层土壤盐分序列的周期分量；$\boldsymbol{Y}(t)=[Y_1(t),Y_2(t),Y_3(t),Y_4(t),Y_5(t)]^T$，$Y_i(t)(i=1,2,\cdots,5)$ 为第 i 层土壤盐分序列经剔除周期分量后的平稳随机分量。本书采用多变量自回归模型拟合平稳随机分量。

(2) 五变量自回归模型的建模。五变量自回归模型的数学描述：利用五变量自回归模型来拟合平稳的随机分量。对于一个五变量、n 阶自回归模型用矩阵差分方程表示为

$$\boldsymbol{Y}(t)=\boldsymbol{\Phi}_0+\boldsymbol{\Phi}_{n1}\boldsymbol{Y}(t-1)+\cdots+\boldsymbol{\Phi}_{nn}\boldsymbol{Y}(t-n)+\boldsymbol{\varepsilon}_t\tag{4.35}$$

式中：$\boldsymbol{Y}(t)$ 为五维平稳的随机变量；$\boldsymbol{\Phi}_0$，$\boldsymbol{\Phi}_{n1}$，…，$\boldsymbol{\Phi}_{nn}$ 为 5×5 的参数阵；$\boldsymbol{\varepsilon}_t=[\varepsilon_{1t},\varepsilon_{2t},\varepsilon_{3t},\varepsilon_{4t},\varepsilon_{5t}]^T$ 为五维白噪声序列，它满足

$$E[\boldsymbol{\varepsilon}_t]=0;\ E[\boldsymbol{\varepsilon}_t\boldsymbol{\varepsilon}_t^T]=\begin{cases}Q(t=s)\\0(t\neq s)\end{cases} \tag{4.36}$$

五变量自回归模型的定阶与参数估计：多变量的自回归模型的参数估计一般有矩估计与最小二乘法估计，对于自回归模型，当 N 充分大时，用矩估计与最小二乘法估计差不多。因此，一般选用矩估计，对于多变量自回归模型的参数估计，无论是矩估计还是最小二乘法估计，其计算量都是惊人的。因此，采用参数的递推估计法来估计参数，其计算公式为

$$\boldsymbol{\Phi}_{n+1,n+1}=[\boldsymbol{R}(n+1)-\sum_{j=1}^{n}\boldsymbol{\Phi}_{nj}\boldsymbol{R}(n+1-j)][\boldsymbol{R}(0)-\sum_{j=1}^{n}\psi_{nj}\boldsymbol{R}(j)]^{-1} \tag{4.37}$$

$$\psi_{n+1,n+1}=[\boldsymbol{R}(n+1)-\sum_{j=1}^{n}\boldsymbol{\Phi}_{nj}R(n+1-j)]\boldsymbol{T}[\boldsymbol{R}(0)-\sum_{j=1}^{n}\boldsymbol{\Phi}_{nj}\boldsymbol{R}(j)]^{-1} \tag{4.38}$$

$$\boldsymbol{\Phi}_{n+1,j}=\boldsymbol{\Phi}_{nj}-\boldsymbol{\Phi}_{n+1,n+1}\psi_{n,n+1-j}\quad(i=1,\ 2,\ \cdots,\ n) \tag{4.39}$$

$$\psi_{n+1,j}=\psi_{nj}-\psi_{n+1,n+1}\boldsymbol{\Phi}_{n,n+1-j}\quad(i=1,\ 2,\ \cdots,\ n) \tag{4.40}$$

$$\boldsymbol{\Phi}_{11}=\boldsymbol{R}(1)\boldsymbol{R}(0)^{-1};\ \psi_{11}=\boldsymbol{R}(1)\boldsymbol{TR}(0)^{-1} \tag{4.41}$$

递推公式为

$$\boldsymbol{Q}_{n+1}=[\boldsymbol{I}_P-\boldsymbol{\Phi}_{n+1,n+1}\psi_{n+1,n+1}]\boldsymbol{Q}_n;\ \boldsymbol{Q}_0=\boldsymbol{R}(0) \tag{4.42}$$

式中：$\boldsymbol{I}_P$ 为单位阵；$\boldsymbol{R}(r)$ 为相关阵，有

$$\boldsymbol{R}(r)=\frac{1}{N}\sum_{t=r+1}^{N}\boldsymbol{Y}(t)\boldsymbol{Y}(t-r)^T \tag{4.43}$$

多变量自回归模型的定阶有多种方法，本书采用最小最终预报误差准则，即 FPE 准则，计算公式为

$$\mathrm{FPE}n[Y(t)]=\left(1+\frac{5n}{N}\right)^5\left(1-\frac{5n}{N}\right)^{-5}\det[\boldsymbol{R}(0)-\sum_{i=1}^{n}\boldsymbol{\Phi}_{ni}\boldsymbol{R}(i)^T] \tag{4.44}$$

式中：$\boldsymbol{R}(0)-\sum_{i=1}^{n}\boldsymbol{\Phi}_{ni}\boldsymbol{R}(i)^T=\boldsymbol{Q}_n$ 为误差方差阵；det 表示行列式。

多变量自回归模型的参数估计与定阶是交替进行的。一般是对于给定的最大阶数 M，分别取阶数 $n=1$，2…，M，取最小的 FPE 值所对应的阶数 n 和参数即为所求。

五变量自回归模型的建模结果：本书取 $N=36$ 进行多变量自回归模型建模，经上述方法进行参数辨识和定阶，最后确定其最佳阶数为 4，参数阵为

$$\boldsymbol{\Phi}_0=[0.19790\quad 0.16383\quad 0.16465\quad 0.23321\quad 0.33549]^T \tag{4.45}$$

$$\boldsymbol{\Phi}_{41}=\begin{bmatrix}-0.36482 & 0.30422 & -0.92294 & 0.68110 & -0.04847\\-0.48457 & 0.84799 & -0.55271 & 0.29591 & -0.14501\\-0.36631 & -0.09792 & -0.05696 & 0.14176 & 0.20949\\-0.04209 & 0.12864 & -0.41237 & 0.18440 & -0.24390\\-0.00573 & -0.16197 & -0.43747 & -0.22881 & 0.08122\end{bmatrix} \tag{4.46}$$

$$\boldsymbol{\Phi}_{42}=\begin{bmatrix}-0.34276 & -0.62382 & 0.10718 & 0.27733 & 0.51286\\ 0.52077 & -0.57546 & -0.07408 & -0.09436 & 0.02981\\ -0.18316 & -0.39310 & 0.08814 & -0.19305 & 0.44682\\ 0.07751 & -0.44513 & 0.04641 & -0.44886 & 0.40018\\ -0.38278 & 0.02490 & 0.15882 & -0.11505 & 0.02776\end{bmatrix} \tag{4.47}$$

$$\boldsymbol{\Phi}_{43}=\begin{bmatrix}-0.66618 & 0.62562 & -0.33100 & 0.42424 & 0.22197\\ -0.26455 & 0.28731 & -0.33465 & 0.12580 & 0.07920\\ -0.18645 & 0.35702 & -0.45165 & 0.35350 & 0.07116\\ -0.28984 & 0.52103 & -0.26057 & 0.08630 & -0.11554\\ -0.15950 & 0.25314 & -0.30921 & -0.00424 & -0.04656\end{bmatrix} \tag{4.48}$$

$$\boldsymbol{\Phi}_{44}=\begin{bmatrix}0.32850 & -0.36927 & -0.07231 & 0.13897 & 0.14379\\ -0.04914 & -0.06307 & 0.21857 & -0.13948 & 0.11096\\ 0.29240 & -0.31556 & -0.01676 & -0.15460 & 0.23179\\ 0.17212 & -0.39434 & -0.01415 & -0.17448 & 0.28251\\ 0.63155 & -0.17913 & -0.17286 & -0.04216 & -0.04014\end{bmatrix} \tag{4.49}$$

因此，五变量的自回归模型为

$$\boldsymbol{Y}(t)=\boldsymbol{\Phi}_0+\boldsymbol{\Phi}_{41}\boldsymbol{Y}(t-1)+\boldsymbol{\Phi}_{42}\boldsymbol{Y}(t-2)+\boldsymbol{\Phi}_{43}\boldsymbol{Y}(t-3)+\boldsymbol{\Phi}_{44}\boldsymbol{Y}(t-4)+\boldsymbol{\varepsilon}_t \tag{4.50}$$

(3) 多输入多输出随机时序模型的建模结果、预报及预报效果。多输入多输出随机时序模型是模型式（4.34）与周期分量阵的叠加，因此它最终可表示为

$$\begin{aligned}&[X_1(t),X_2(t),X_3(t),X_4(t),X_5(t)]^T\\ =&[Y_1(t),Y_2(t),Y_3(t),Y_4(t),Y_5(t)]^T+[P_1(t),P_2(t),P_3(t),P_4(t),P_5(t)]^T\\ &+[\varepsilon_{1t},\varepsilon_{2t},\varepsilon_{3t},\varepsilon_{4t},\varepsilon_{5t}]^T\end{aligned} \tag{4.51}$$

多输入多输出随机时序模型的预报值是五变量自回归模型的预报值与相应时间的周期分量之和。本书对 $t=1,2,\cdots,36$ 利用模型作一步递推预报，对 $t=37,\cdots,41$ 作了剖面外推预报。从表 4.7 可以看出，多输入多输出模型的预报效果还是可以的，它可作为剖面预报模型。

表 4.7　　多输入多输出随机时序模型预报效果

方法		土壤层次				
		0～10cm	10～20cm	20～40cm	40～70cm	70～100cm
一步递推预报	<20%	97%	97%	91%	89%	94%
	<10%	59%	69%	66%	59%	75%
外推预报	<20%	100%	80%	60%	60%	80%
	<10%	40%	40%	20%	40%	40%

3. 受控多变量混合回归模型

在土壤水盐系统中，盐分的输出是受许多因素制约的，它在灌溉、降雨、潜水蒸发、潜水埋深，潜水矿化度等因素的作用下，不断地进行着上行与下行的运移，剖面上各层次的盐分不断地变化，不断地再分配。为了更深刻地认识土壤水盐系统的盐分输出特性，研究其在外界因素作用下的输出规律，从而加强或减弱可控因素的输入，达到控制土壤水盐系统、改良盐碱地的目的。因此，有必要研究土壤不同层次的盐分在灌溉、潜水埋深、潜水蒸发等作用下的规律，建立受控多变量的混合回归模型来描述土壤各层次的盐分在上述多变量的相互作用、相互影响下的规律。

本书共考虑了以下的随机变量，即 0～10cm、10～20cm、20～40cm、40～70cm、70～100cm 土层的盐分含量，潜水埋深，灌溉降雨和潜水蒸发量等 8 个随机变量，它们分别用 $X_i(t)(i=1,2,\cdots,8)$ 表示。

本书从线性和非线性的角度建立八输入单输出的多变量随机时序模型，用以描述在受控变量的作用下土壤水盐系统的盐分输出特性。

(1) 受控多变量线性混合回归模型。本模型利用线性化的方法，从定量的角度描述土壤各层次的盐分与各种影响因素之间的关系。该模型的数学表达式为

$$X_i(t)=\sum_{j=1}^{n}\boldsymbol{\Phi}_{ij}X_i(t-j)+\sum_{\substack{k=1\\k\neq i}}^{8}\sum_{j=0}^{n}\boldsymbol{\Phi}_{kj}X_k(t-j)+\boldsymbol{\varepsilon}_t\quad(i=1,2,\cdots,5)\tag{4.52}$$

式中：n 为模型的阶数；$\boldsymbol{\Phi}_{ij}$ 为参数。

1) 受控多变量线性混合回归模型建模。受控多变量线性混合回归模型的建模就是要确定模型的阶数和参数。由于模型考虑的因素较多，当 n 取值较大时，参数估计的计算量很大。为了减少计算量，选用疏系数法对模型进行参数估计，建立近似最优的多输入单输出模型。模型参数疏系数估计和定阶的方法与单变量疏系数门限自回归模型的基本相同，只是计算较复杂、计算量较大。建模时为了提高模型的精度，对数据做了以下处理：把各土层的盐分值扩大了 10 倍，把灌溉降雨量、潜水蒸发量缩小了 100 倍。采用上述方法，在给定 $N=36$、$n=4$ 的情况下，对不同层次的土壤盐分序列建模。

$$\begin{aligned}X_1(t)=&-1.8610+0.9007X_3(t)+0.8009X_4(t-2)+0.2718X_5(t)\\&+0.2002X_6(t-3)+0.4953X_8(t)+\varepsilon_t\end{aligned}\tag{4.53}$$

$$\begin{aligned}X_2(t)=&-1.2075+0.6100X_2(t-1)+0.2747X_2(t-2)-0.6137X_1(t-1)\\&+0.6259X_1(t-2)+0.6580X_3(t)-0.4245X_3(t-3)+0.3842X_4(t-1)\\&+0.5634X_4(t-3)+0.2922X_5(t)+0.1882X_5(t-3)-0.3197X_5(t-2)+\varepsilon_t\end{aligned}\tag{4.54}$$

$$\begin{aligned}X_3(t)=&0.3367+0.8871X_3(t-1)+0.6508X_2(t)-0.5011X_2(t-1)\\&+0.2232X_4(t)-0.3834X_5(t-2)+\varepsilon_t\end{aligned}\tag{4.55}$$

$$X_4(t)=-0.1797+0.1821X_4(t-4)+0.1438X_1(t-3)+0.7581X_5(t)+\varepsilon_t\tag{4.56}$$

$$X_5(t)=0.3829+0.2374X_1(t-2)+1.0388X_4(t)-0.1865X_5(t-2)+\varepsilon_t\tag{4.57}$$

2) 模型预报及预报效果分析。建立受控多变量线性模型的目的，就是为了根据各影响因素的实测值对土层盐分的未来值作出预测预报，对于不同层次的土壤盐分，其预报通式为

$$X_i^{(l)}(t)=\sum_{j=1}^{n}\Phi_{ij}X_i^{(l-j)}(t)+\sum_{\substack{k=1\\k\neq i}}^{8}\sum_{j=0}^{n}\Phi_{kj}X_k(t-j+1)\quad(i=1,2,\cdots,5)\tag{4.58}$$

式中：$X_i^{(l-j)}(t)$ 为 t 时刻的第 $l-j$ 步预报值，当 $(l-j)\leqslant 0$ 时，$X_i^{(l-j)}(t)=X_i(t+l-j)$；$\Phi_{ij}$ 和 Φ_{kj} 参数见原模型。

对不同层次的土壤盐分，在 $t=1,2,\cdots,38$ 时，取 $l=1$ 作一步递推预报；在 $t=37,\cdots,41$ 时作外推预报，即取 $t=38$、$l=1,2,\cdots,5$ 分别作预报。对于预报值，应缩小为原来的 1/10，还原为实际值。

由表 4.8 可以看出，该模型的精度较好，同时反映出土壤盐分变化与外界影响因素的关系，即 0～10cm 土层的含盐量与潜水蒸发量成正比，而 70～100cm 土层含盐量与灌溉水量成正比。

表 4.8　受控多变量线性混合回归模型预报效果

方法		土壤层次				
		0～10cm	10～20cm	20～40cm	40～70cm	70～100cm
一步递推预报	<20%	91%	100%	97%	97%	97%
	<10%	73%	91%	76%	82%	74%
外推预报	<20%	100%	100%	80%	80%	80%
	<10%	100%	100%	60%	60%	60%

（2）受控多变量门限混合回归模型。为了有效地反映土壤水盐系统在外界影响因素作用下的盐分输出规律，准确地刻画土壤水盐系统的特性，采用不同门限值，在各个分区内分别建立八变量门限混合回归模型，试图探索不同层次的土壤在不同的含盐量范围内时，其含盐量与潜水蒸发、潜水埋深、灌溉降雨等因素的相互作用关系，为盐碱地改良和农牧业生产提供依据。

1）受控多变量门限混合回归模型的数学描述及定阶和参数估计。受控多变量门限混合回归模型实质上就是分段的受控多变量线性混合回归模型，对于八变量、两个门限值的门限混合回归模型可表示为

$$X_i(t)=\begin{cases}\beta_{i0}^{(1)}+\sum\limits_{j=1}^{n_1}\beta_{ij}X_i(t-j)+\sum\limits_{\substack{j=1\\j\neq i}}^{8}\sum\limits_{k=0}^{n_1}\beta_{jk}^{(1)}X_j(t-k)+\varepsilon_t^{(1)} & [X_i(t-d)\leqslant X_1]\\ \beta_{i0}^{(2)}+\sum\limits_{j=1}^{n_2}\beta_{ij}X_i(t-j)+\sum\limits_{\substack{j=1\\j\neq i}}^{8}\sum\limits_{k=0}^{n_2}\beta_{jk}^{(2)}X_j(t-k)+\varepsilon_t^{(2)} & [X_1<X_i(t-d)\leqslant X_2]\\ \beta_{i0}^{(3)}+\sum\limits_{j=1}^{n_3}\beta_{ij}X_i(t-j)+\sum\limits_{\substack{j=1\\j\neq i}}^{8}\sum\limits_{k=0}^{n_3}\beta_{jk}^{(3)}X_j(t-k)+\varepsilon_t^{(3)} & [X_i(t-d)>X_2]\\ (i=1,2,\cdots,5)\end{cases}\tag{4.59}$$

式中：d 为滞后值；n_1、n_2、n_3 分别为对应的混合回归模型的阶数；X_1、X_2 为门限值；$X_i(t)(i=1,2,\cdots,5)$ 为门限变元。

受控多变量门限混合回归模型是单变量门限自回归模型与受控多变量混合回归模型的

扩展和综合。因此，其参数估计和定阶的计算更为复杂、计算量更大。参数估计采用疏系数法，其估计方法和定阶准则都与单变量疏系数门限自回归模型的相似。

2）建模结果。本模型选用 5 个层次的盐分、潜水埋深、灌溉降雨、潜水蒸发共 8 个变量进行建模，其中建模资料系列长度 $N=36$，资料的处理与受控多变量线性混合回归模型相同。

对不同层次的土壤盐分序列，分别取不同的门限值，分别建模型，具体结果为

$$X_1(t)\begin{cases}=-0.0007-1.4772X_1(t-1)-1.6451X_2(t)-1.9681X_2(t-1)\\ \quad +1.9619X_3(t)+2.22X_3(t-1)+0.7879X_4(t)-1.0350X_4(t-1)\\ \quad +2.2204X_5(t)+0.2448X_5(t-1)+0.0555X_6(t)-0.1622X_6(t-1)\\ \quad +0.3867X_7(t)+1.0386X_8(t)-0.5104X_8(t-1) \quad [X_1(t-1)\leqslant 1.33]\\ =-0.0298+1.1190X_3(t)-1.1550X_3(t-1)+0.5131X_4(t-1)\\ \quad +0.3262X_5(t)+0.5147X_8(t) \quad [1.33<X_1(t-1)\leqslant 1.80]\\ =-1.0398+0.6809X_1(t-1)+1.1590X_3(t)-0.7588X_3(t-1)\\ \quad +0.3925X_6(t)-0.1442X_7(t-1)+0.4205X_8(t) \quad [X_1(t-1)>1.80]\end{cases} \tag{4.60}$$

$$X_2(t)\begin{cases}=0.0378+0.4314X_2(t-1)+0.2647X_1(t)+0.7100X_4(t)-0.4356X_5(t)\\ \quad +0.2683X_6(t)-0.3201X_6(t-1)+0.2148X_6(t-2)-0.2395X_8(t-1)\\ \quad -0.2204X_8(t-2) \quad [X_2(t-1)\leqslant 1.61]\\ =-0.5818+0.7733X_1(t-1)+1.1437X_3(t)-1.0511X_3(t-1)\\ \quad +0.6909X_4(t-1)+0.3461X_7(t-1)+0.3302X_8(t)\\ \quad -0.6209X_8(t-1) \quad [X_2(t-1)>1.61]\end{cases} \tag{4.61}$$

$$X_3(t)\begin{cases}=-0.0012+0.5271X_3(t-1)+0.4228X_1(t-1)+1.0626X_2(t)\\ \quad -0.8444X_2(t-1)-1.2316X_4(t)-0.3675X_4(t-1)+1.1830X_5(t)\\ \quad -0.5723X_5(t-1)-0.2285X_5(t-2)-0.1008X_6(t)+0.1046X_6(t-1)\\ \quad +0.2123X_7(t-2)-0.1476X_8(t)+0.0696X_8(t-1)\\ \quad +0.1442X_8(t-2) \quad [X_3(t-1)\leqslant 1.31]\\ =0.0157+0.6061X_3(t-1)-0.2496X_1(t-1)+0.6612X_4(t)\\ \quad -0.3993X_4(t-1)+0.2461X_6(t)+0.1528X_7(t) \quad [X_3(t-1)>1.31]\end{cases} \tag{4.62}$$

$$X_4(t)\begin{cases}=-0.0123-0.3584X_1(t)+0.4398X_2(t)+0.4574X_3(t-2)+0.3939X_5(t)\\ \quad +0.1220X_5(t-1)-0.2432X_6(t)+0.2542X_6(t-1)-0.2738X_6(t-2)\\ \quad +0.1323X_8(t)+0.4568X_8(t-1)+0.1788X_8(t-2) \quad [X_4(t-1)\leqslant 1.35]\\ =-0.6009+0.3641X_4(t-1)-0.3278X_1(t)-0.4598X_2(t)\\ \quad +0.4559X_2(t-1)+0.5176X_3(t)-0.2743X_3(t-1)\\ \quad +0.7522X_5(t)+0.2411X_6(t)-0.8029X_7(t)+0.5508X_7(t-1)\\ \quad +0.1671X_8(t)+0.1311X_8(t-1) \quad [X_4(t-1)>1.35]\end{cases} \tag{4.63}$$

$$
X_5(t)\begin{cases}
=-0.0080+1.5360X_5(t-1)+0.8791X_1(t)-0.8458X_1(t-1) \\
\quad -0.6237X_2(t)+0.1553X_2(t-1)-0.3101X_3(t)+1.4020X_4(t) \\
\quad -1.0334X_5(t-1)+0.1361X_6(t)-0.1226X_6(t-1)+0.0891X_7(t) \\
\quad -0.0474X_7(t-1)-0.0524X_8(t)-0.1460X_8(t-1) \quad [X_5(t-2)\leqslant 1.03] \\
=0.1094+0.3167X_1(t)+0.3195X_3(t)+0.1437X_7(t) \\
\quad [1.03<X_5(t-2)\leqslant 1.48] \\
=-0.0001+0.6500X_1(t)-0.4767X_2(t)+0.5271X_2(t-1)-0.3510X_3(t) \\
\quad +0.8528X_4(t)+0.1715X_5(t)-0.3593X_5(t-1)+0.4315X_7(t) \\
\quad -0.5470X_8(t-1) \quad [X_5(t-2)>1.48]
\end{cases}
\tag{4.64}
$$

3）模型预报及结果分析。对模型两端取数学期望值，得出1步预报通式为

$$
X_i^{(1)}(t)=\begin{cases}
\beta_{i0}^{(1)}+\sum\limits_{j=1}^{n_1}\beta_{ij}^{(1)}X_i^{(1-j)}(t)+\sum\limits_{\substack{j=1\\j=i}}^{8}\sum\limits_{k=0}^{n_1}\beta_{jk}^{(1)}X_j(t-k+1) & [X_i(t-d)\leqslant X_1] \\
\beta_{i0}^{(2)}+\sum\limits_{j=1}^{n_2}\beta_{ij}^{(2)}X_i^{(1-j)}(t)+\sum\limits_{\substack{j=1\\j=i}}^{8}\sum\limits_{k=0}^{n_2}\beta_{jk}^{(2)}X_j(t-k+1) & [X_1<X_i(t-d)\leqslant X_2] \\
\beta_{i0}^{(3)}+\sum\limits_{j=1}^{n_3}\beta_{ij}^{(3)}X_i^{(1-j)}(t)+\sum\limits_{\substack{j=1\\j=i}}^{8}\sum\limits_{k=0}^{n_3}\beta_{jk}^{(3)}X_j(t-k+1) & [X_i(t-d)>X_2]
\end{cases}
\tag{4.65}
$$

其中：当 $1-m_1\leqslant 0$ 时，$X_i^{(1-m_1)}(t)=X_i(t+1-m_1)$ $(m_1=1,2,\cdots,n_1)$；

当 $1-m_2\leqslant 0$ 时，$X_i^{(1-m_2)}(t)=X_i(t+1-m_2)$ $(m_2=1,2,\cdots,n_2)$；

当 $1-m_3\leqslant 0$ 时，$X_i^{(1-m_3)}(t)=X_i(t+1-m_3)$ $(m_3=1,\ 2,\ \cdots,\ n_3)$。

受控多变量门限混合回归模型的预报方法与单变量门限自回归模型的预报方法相似。对 $t=1$，2，…，36，分别取 $l=1$ 作一步递推预报。由 $t=36$ 分别取 $l=1$，2，…，5 作外推预报，预报 $t=37$，…，41 的值。从表4.9可以看出，受控多变量门限混合回归模型的一步递推预报和外推预报都是令人满意的；受控多变量门限混合回归模型表明，0～10cm 土层含盐量与潜水蒸发量成正比；而 20～40～70cm 土层，当它们前期含盐量较大时，则土壤含盐量与潜水蒸发量成正比；70～100cm 土层土壤含盐量与灌溉水量成正比。

表4.9　受控多变量门限混合回归模型预报效果

方法		土壤层次				
		0～10cm	10～20cm	20～40cm	40～70cm	70～100cm
一步递推预报	<20%	100%	100%	100%	97%	100%
	<10%	94%	83%	91%	97%	91%
外推预报	<20%	80%	80%	100%	80%	80%
	<10%	60%	60%	40%	60%	60%

4.4　土壤水热盐运移SHAW模型原理

4.4.1　SHAW模型简介

SHAW模型是土壤植被大气传输系统（SVAT系统）中较有代表性的模型之一。SHAW模型可用于模拟土壤冻融过程，包括作物覆盖层、凋落物和积雪等一维剖面上的水、热和溶质通量的交换。

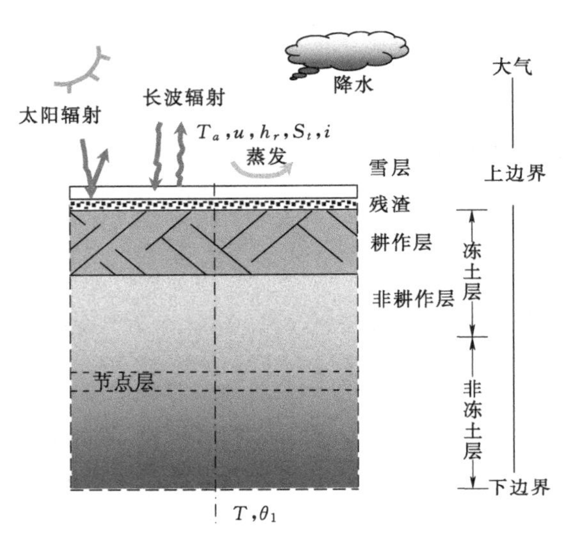

图4.11　SHAW模型物理系统描述

T_a— 气温；u— 风速；h_r— 相对湿度；S_t— 太阳辐射；i— 降水；T— 土壤温度；θ_1— 含水量

SHAW模型可描述垂直方向一维的SVAT物理系统，如图4.11所示，系统由垂向一维剖面组成，包括积雪覆盖层、残渣层、土壤表面到深部指定边界内的土壤层，可用于从均质的裸地土壤到多层耕作土壤的一系列复杂的农田条件。系统中能量和水分输入是由上部边界即地表附近，以及温度和含水率等底部边界决定。SHAW模型可有选择地输出水量平衡、地表能量传输、剖面含水率、剖面温度、冻结深度及溶质浓度等。

SHAW模型的优点在于对系统各层结构之间的物质能量传输的物理过程有清晰的数学描述，对土壤冻结和融化有详细的描述，对多种作物冠层中蒸腾作用和水汽传输有成熟的模拟过程，从而便于方程式的联立求解。模型输入的边界层要素较容易从常规气象站获得，而输入的土壤植被特征参数较容易确定，模型的输出则是整个系统剖面层次的物质、能量和水量平衡要素，而且模型层次结构较易根据具体的土壤植被结构进行调整，适应性强。

4.4.2　模型基本原理

根据能量平衡原理，冻融系统中求解每个节点的能量平衡方程必须满足进入每一层的净能量通量等于系统内温度增加和。考虑到液体的对流热交换和冻结中土壤层的水汽热传输，土壤中包含源汇项的垂向一维能量方程为

$$\frac{\partial}{\partial z}\left(k_s \frac{\partial T}{\partial z}\right)-\rho_1 c_1 \frac{\partial (q_1 T)}{\partial z}+S=C_s \frac{\partial T}{\partial t}-\rho_i L_f \frac{\partial \theta_i}{\partial t}+L_v\left(\frac{\partial q_v}{\partial z}+\frac{\partial \rho_v}{\partial t}\right) \qquad (4.66)$$

式中：z为土壤深度，m；k_s为土壤的热导率，W/(m·K)；T为土壤的温度，℃；ρ_1为液态水密度，1000kg/m^3；c_1为液态水的比热容，取值为4200J/(kg·K)；q_1为液态水通量，kg/(m^2·s)；C_s为土壤体积热容，W/(m·K)；t为时间，s；ρ_i为土壤中冰的密度，取值为920kg/m^3；L_f为融化潜热，取值为3350kJ/kg；θ_i为体积含冰率，m^3/m^3；q_v为气态水通量，kg/(m^2·s)；ρ_v为土壤孔隙中的水汽密度，kg/(m^3)。

4.4.3 系统上边界能量和水汽通量

系统的上边界条件是下垫面，它是地、气交界面，系统的水热特性主要由上边界控制的。上边界能量由气象站的基本观测要素来计算，包括气温、风速、空气湿度、太阳辐射和降水量，降水量作为大气系统的水量输入。能量输入则是由能量平衡方程计算，即

$$R_n + H + L_V E + G = 0 \tag{4.67}$$

式中：R_n 为净辐射，W/m^2；H 为感热通量，W/m^2；$L_V E$ 为潜热通量，W/m^2；G 为地表以下热传导通量，W/m^2；L_V 为蒸发潜热，J/kg；E 为土壤表面和作物冠层的总蒸发量，$kg/(m^2 \cdot s)$。

1. 太阳净辐射

太阳辐射是影响系统动态特征的主要能源，系统吸收的太阳辐射是由实测的太阳总辐射 S_t 确定的，它包括直射辐射 S_b 和散射辐射 S_d 两部分，方程为

$$\tau_d = \tau_t \left[1 - \exp\left[\frac{0.6\left(1 - \frac{B}{\tau_t}\right)}{B - 0.4}\right]\right] \tag{4.68}$$

式中：τ_d 为大气散射辐射透射系数，$\tau_d = \frac{S_d}{S_{b,0}}$；$\tau_t$ 为大气总透射系数，$\tau_t = \frac{S_t}{S_{b,0}}$；$B$ 为晴朗天空大气的最大透射率，取值为0.76；$S_{b,0}$ 为大气圈的外层边缘投射到水平地表的总太阳辐射，W/m^2。每小时的 $S_{b,0}$ 值由式（4.69）计算即

$$S_{b,0} = S_0 \sin\phi \tag{4.69}$$

式中：S_0 为太阳常数，$S_0 = 1360 W/m^2$；ϕ 为水平面上的太阳高度角，(°)。

投射到坡面上的太阳直射辐射 S_s 与投射到水平面上的太阳直射辐射 S_b 的关系为

$$S_s = S_b \frac{\sin\beta}{\sin\phi} \tag{4.70}$$

式中：β 为太阳射线与坡面间的夹角，(°)，它是太阳赤纬 δ、场地的纬度 λ、坡向 α_s 和计算所选日数的函数。

太阳赤纬是太阳直射的纬度，可用式（4.71）近似表示，即

$$\delta = 0.4102 \sin\left[\frac{2\pi}{365}(J - 80)\right] \tag{4.71}$$

式中：J 为儒略日（从1月1日算起的某日）。

方位角 α_z 由式（4.72）计算，即

$$\sin\alpha_z = -\frac{\cos\delta}{\cos\phi} \sin\left[\frac{\pi(t - t_0)}{12}\right] \tag{4.72}$$

式中：t 为时刻（小时数）；t_0 为太阳正午的时间。

太阳高度角是太阳射线与水平面之间的夹角，计算式为

$$\sin\phi = \sin\lambda \sin\delta + \cos\lambda \cos\delta \cos\left[\frac{\pi(t - t_0)}{12}\right] \tag{4.73}$$

若地表的坡度 w 和坡向 α_s 是已知的，则太阳射线与地表之间的夹角计算公式为

$$\sin\beta = \sin\phi \cos\omega + \cos\phi \sin\omega \cos(\alpha_z - \alpha_s) \tag{4.74}$$

投射到局部斜坡上的直射和散射是根据实测的太阳总辐射 S_t 和太阳射线相对于斜坡的几何关系计算的。土壤表面的太阳辐射和长波交换通过考虑直接辐射和向上向下散射辐射被透射、反射和吸收计算得到。

(1) 土壤表面的太阳辐射。土壤的反射率随地表的含水率而变化，湿土比干土易吸收太阳辐射。随土壤含水率变化的土壤反射率计算公式为

$$\alpha_s = \alpha_d e^{-\alpha_a \theta_t} \tag{4.75}$$

式中：α_d 为干土反射率；θ_t 为地表的体积含水率；α_a 为经验系数。

(2) 长波辐射。大气和地表之间的净长波辐射交换是能量平衡的一个重要组成部分，入射到表面的大气长波辐射可由 Stefan Boltzman 定律计算，即

$$L_i = \varepsilon_{ac} \sigma T_K^4 \tag{4.76}$$

式中：ε_{ac} 为大气热辐射系数；σ 为 Stefan-Boltzman 常数，$\sigma = 5.6697 \times 10^{-8} W/(m^2 \cdot K^4)$；$T_K$ 为气温的绝对温度，K。

晴天大气热辐射系数计算公式为

$$\varepsilon_a = 1 - a_\varepsilon e^{-b_\varepsilon T_a^2} \tag{4.77}$$

式中：T_a 为摄氏气温，℃；a_ε 和 b_ε 为晴天热辐射系数的经验系数，Idso 和 Javkson (1969) 建议分别为 0.261×10^{-4}℃$^{-1}$和 7.77×10^{-4}℃$^{-1}$。

阴天的热辐射系数接近于 1。因此，多云天气的热辐射系数在晴天和 1 之间变化，其值取决于云的覆盖率 C，多云天气的热辐射系数 ε_{ac} 计算式为

$$\varepsilon_{ac} = (1 - 0.84C)\varepsilon_a + 0.84C \tag{4.78}$$

一天中云的覆盖率 C 为常数，估算公式为

$$C = 2.4 - 4\tau_t \tag{4.79}$$

式中：τ_t 为大气总透射系数，是测量的太阳总辐射 S_t 与大气外边界入射太阳辐射 $S_{b,0}$ 之比。此式中固有的假设为云量完全时 $\tau_t < 0.35$，晴天时 $\tau_t > 0.6$。反射长波辐射 L_0 由 Stefan Boltzman 定律求得，并假设表面辐射率为 0，而表面温度由系统剖面的详细能量平衡求得。

长波辐射除了散射可以忽略而放射必须考虑外，其投射和吸收与太阳辐射类似。基于雪被或土壤表面、每个凋落物和冠层层次上下两面入射和放射的能量，模型中计算了各层次的长波辐射平衡，而放射的长波辐射因为冠层气温和叶温的差异而产生偏差。不过这些简化在大多数情况下影响不大。

2. 感热和潜热通量

表面能量平衡的感热和潜热通量由冠层—凋落物—土壤表面和大气之间的温度和水汽梯度计算得到。感热通量由式 (4.80) 计算，即

$$H = -\rho_a C_a \frac{T - T_a}{r_H} \tag{4.80}$$

式中：ρ_a、C_a 和 T_a 为测量参考高度 Z_{ref} 上空气的密度，kg/m^3，比热容，J/(kg·K)，和温度，℃；T 为交换面的温度，℃；r_H 为校正空气稳定度而设定的表面热传输阻力，s/m。

其中交换表面可以是冠层顶、凋落物层、雪被或土壤表面，其选择依赖于系统剖面。潜热通量与交换表面和大气的水汽传输有关，即

$$E=\frac{\rho_{vs}-\rho_{va}}{r_v} \tag{4.81}$$

式中：ρ_{vs} 和 ρ_{va} 分别为交换表面和参考高度 Z_{ref} 处的水汽密度，kg/m³；水汽传输阻力 r_v 被认为与 r_H 相等。热量的对流传输阻力 r_H 由式（4.82）计算，即

$$r_H=\frac{1}{u_* k}\left[\ln\left(\frac{z_{ref}-d+z_H}{z_H}\right)+\psi_H\right] \tag{4.82}$$

式中：u_* 是摩擦速度，m/s，由式（4.83）计算，即

$$u_*=uk\Big/\ln\left(\frac{z_{ref}-d+z_m}{z_m}\right)+\psi_m \tag{4.83}$$

式中：k 为 von Karman 常数；d 为零平面位移；z_H 和 z_m 分别为温度和动量剖面的表面粗糙度；ψ_H 和 ψ_m 为热量和动量的传热校正系数，由空气稳定度的公式算得。

空气稳定度为热感应湍流和机械感应湍流之比，即

$$s=\frac{kz_{ref}gH}{\rho_a c_a T u_*^3} \tag{4.84}$$

式中：g 为重力加速度。

在稳定情况下（$s>0$），有

$$\psi_H=\psi_m=4.7s \tag{4.85}$$

在不稳定情况下（$s<0$），ψ_m 近似等于 $0.6\psi_H$，即

$$\psi_H=-2\ln\left(\frac{1+\sqrt{1-16s}}{2}\right) \tag{4.86}$$

如果有作物冠层，动量剖面的表面粗糙度 z_m 取作物冠层高度的 0.13 倍，零平面位移 d 取它的 0.77 倍。另外，可以采用用户提供的 z_m 值，而 d 设为 0。温度剖面的表面粗糙 z_H 取 $0.12z_m$。

3. 土壤热通量

由能量平衡的残差计算得到的土壤热通量，必须满足整个凋落物和土壤剖面的热通量方程，该方程与表面能量平衡同步迭代求解。

4.4.4 系统能量通量

根据能量平衡原理，冻融系统中求解每个节点的能量平衡方程必须满足进入每一层的净能量通量等于系统内温度增加，所有节点的能量平衡用 Newton-Raphson 迭代技术同步求解。

1. 比热容

土壤的体积比热容是各组分体积比热容之和，即

$$c_s=\sum\rho_j c_j\theta_j \tag{4.87}$$

式中：ρ_j、c_j 和 θ_j 分别为第 j 种土壤的密度，kg/m³，比热容，J/(kg·K)，和体积百分比，cm³/cm³。

2. 融化潜热

由于土壤基质势和渗透势的存在，当温度降到 0℃以下后，土壤中始终存在未冻水。

通常所遇到的整个冻结温度内，水与冰都共存于统一平衡状态。因此，确定融化潜热之前，必须定义土壤的含冰率与温度的关系。当冰存在时，总的土水势是由冰的水汽压所控制的，其关系可由冰点降低方程给出，即

$$\phi=\pi+\psi=\frac{L_{\mathrm{f}}}{g}\left(\frac{T}{T_{\mathrm{K}}}\right) \tag{4.88}$$

式中：ϕ 为总土水势，m；π 为土壤水溶液的渗透势，m；ψ 为土壤基质势，m；g 为重力加速度，m/s^2；T 为水的冻结温度，℃；T_K 为绝对温度，K。已知渗透势，由土壤温度就可确定基质势，进而确定液态含水率。已知液态含水率就能确定含冰率和潜热项，土壤水溶液的渗透势由式（4.89）计算，即

$$\pi=-\frac{cRT_{\mathrm{K}}}{g} \tag{4.89}$$

式中：c 为土壤溶液的溶质浓度，mol/kg。

3. 传导热

土壤的热导率可由式（4.90）计算，即

$$k_{\mathrm{s}}=\frac{\sum m_j k_j \theta_j}{\sum m_j \theta_j} \tag{4.90}$$

式中：m_j 为第 j 种土壤组分的权重因子，其值取决于土壤颗粒的形状和排列以及各组成物质热传导率间的比值；k_j 和 θ_j 分别为第 j 种土壤组分的热导率和单位体积土壤中第 j 种物质所占的体积比，cm^3/cm^3。

4. 蒸发潜热

土层中的净蒸发潜热是根据水汽密度的增加率减去进入到土层中的净水汽传导而计算的。假定土壤中水汽密度与总水势平衡，则

$$\rho_{\mathrm{v}}=h_{\mathrm{r}}\rho_{\mathrm{v}}'=\rho_{\mathrm{v}}'\exp\left(\frac{M_{\mathrm{W}}g}{RT_{\mathrm{K}}}\phi\right) \tag{4.91}$$

式中：ρ_v 为蒸汽密度，kg/m^3；ρ_v' 为饱和蒸汽密度，kg/m^3；h_r 为相对湿度；M_W 为水的分子重量，取值为 0.018kg/mol；g 为重力加速度，取值为 $9.81m/s^2$；R 为通用气体常数，取值为 8.3143J/(mol・K)；ϕ 为总土水势，m。

4.4.5 系统水量通量

在冰为刚性体的假定下，冻融土壤中的水分运动主要以液态和气态方式为主。冻融土壤中水分垂向运移的平衡方程为

$$\frac{\partial\theta_{\mathrm{l}}}{\partial t}+\frac{\rho_{\mathrm{i}}}{\rho_{\mathrm{l}}}\frac{\partial\theta_{\mathrm{i}}}{\partial t}=\frac{\partial}{\partial z}\left[K\left(\frac{\partial\psi}{\partial z}+1\right)\right]+\frac{1}{\rho_{\mathrm{l}}}\frac{\partial q_{\mathrm{v}}}{\partial z}+U \tag{4.92}$$

式中：$\frac{\partial\theta_{\mathrm{l}}}{\partial t}$ 为体积含水率的变化率，$m^3/(m^3\cdot s)$；$\frac{\rho_{\mathrm{i}}}{\rho_{\mathrm{l}}}\frac{\partial\theta_{\mathrm{i}}}{\partial t}$ 为体积含冰率的变化率，$m^3/(m^3\cdot s)$；$\frac{\partial}{\partial z}\left[K\left(\frac{\partial\psi}{\partial z}+1\right)\right]$ 为土壤中液态水通量，$m^3/(m^3\cdot s)$；$\frac{1}{\rho_{\mathrm{l}}}\frac{\partial q_{\mathrm{v}}}{\partial z}$ 为土层中净气态水通量，$m^3/(m^3\cdot s)$；U 为源汇项，$m^3/(m^3\cdot s)$；z 为从土壤表面计算的深度，m；K 为非饱和水力传导度，m/s；ψ 为土壤基质势，m；ρ_l 为液态水密度，取值为 $1000kg/m^3$；

q_v 为进入土壤的气态水通量，kg/(m^2 · s)；θ_l 为液态水（未冻水）体积含水率，m^3/m^3；t 为时间，s；ρ_i 为冰的密度，取值为 920kg/m^3；θ_i 为体积含冰率，m^3/m^3。

1. 液态水通量

由非饱和达西定律可知，进入土壤的水分通量等于土水势梯度与非饱和导水率的乘积。由于冻土基质势的测定比较困难，基质势由土壤含水率计算，即

$$\psi = \psi_e \left(\frac{\theta_l}{\theta_s}\right)^{-b} \tag{4.93}$$

式中：ψ_e 为空气进入势，m；θ_s 为土壤的饱和含水率，m^3/m^3；b 为孔隙大小分布指数。

若忽略滞后作用，非饱和导水率可根据基质势由式（4.94）计算，即

$$K = K_s \left(\frac{\theta_l}{\theta_s}\right)^{2b+3} \tag{4.94}$$

式中：K_s 为饱和导水率，m/s。

假定冻土中的水流运动类似于非饱和非冻土，则一般条件下，非饱和非冻土系统的基质势与非饱和土壤导水率的关系可用于冻土系统。只是土壤含水率接近饱和时，即 $\theta_s - \theta_i < 0.13$，由于冰的存在，冻土的非饱和导水率为零。

2. 气态水通量

冻融土壤中的水汽迁移通量是根据 Fick 定律由水汽密度梯度计算的，即

$$q_v = -D_v \frac{d\rho_v}{dz} = -D_v \frac{d(h_r \rho_v')}{dz} \tag{4.95}$$

式中：h_r 为土壤的相对湿度；D_v 为土壤中的水汽扩散率，m^2/s，它与空气中的水汽扩散率的关系为

$$D_v = D_v' b_v \theta_a^{c_v} \tag{4.96}$$

式中：D_v' 为空气中的水汽扩散率，m^2/s；θ_a 为空气孔隙度；b_v、c_v 为考虑空气弯曲度的系数。

空气中水汽扩散率的大小依赖于温度和压力，其关系为

$$D_v' = D_v^0 \left(\frac{T_K}{273.16}\right)^2 \left(\frac{101.3}{P_a}\right) \tag{4.97}$$

式中：D_v^0 为标准温度压力条件下的水汽扩散系数；P_a 为该地区的标准大气压，N/m^2。

在常温范围内，饱和水汽密度随温度而变化的关系可用下面的经验方程来表示，即

$$s_v = 0.0000165 + 4944.43 \frac{\rho_v'}{T_K^2} \tag{4.98}$$

运用复合函数求导法则和饱和水汽密度函数的斜率，方程变为

$$q_v = q_{vp} + q_{vT} = -D_v \rho_v' \frac{dh_r}{dz} - \zeta D_v h_r s_v \frac{dT}{dz} \tag{4.99}$$

式中：q_{vp} 为水势梯度引起的水汽通量，kg/(m^2 · s)；q_{vT} 为温度梯度引起的水汽通，kg/(m^2 · s)；ζ 为增强因子。

ζ 值可根据式（4.100）计算，即

$$\zeta = E_1 + E_2\left(\frac{\theta_l}{\theta_s}\right) - (E_1 - E_4)\exp\left[-\left(\frac{E_3\theta_l}{\theta_s}\right)^{E_5}\right] \tag{4.100}$$

式中：$E_1 \sim E_5$ 为经验系数（9.5、3.0、3.5、1.0、4.0）。

3. 含冰率

根据 Clausius-Clapeyron 方程，当冰存在时，总水势与基质势和温度有关，即

$$\phi = \pi + \psi = \frac{L_f}{g}\left(\frac{T}{T_K}\right) \tag{4.101}$$

温度降低时水势下降，引起水势梯度导致水分向冻土端迁移。土壤渗透势由式（4.102）计算，即

$$\pi = -\frac{cRT_K}{g} \tag{4.102}$$

冻结条件下土壤中液态含水率可表达为温度的函数，即

$$\theta_l = \theta_s \left[\frac{\dfrac{L_f T}{T + 273.16} + cRT_K}{g\pi}\right]^{-\frac{1}{b}} \tag{4.103}$$

该方程即为联系方程，它定义了负温条件下最大的液态含水率，已知土壤冻融过程中的总含水率 θ，即可根据式（4.103）求得液态含水率 θ_l，进而求得冻土含冰率 $\theta_i = \theta - \theta_l$。

4.4.6　冻融土壤中的溶质通量

SHAW 模型中含有了土壤基质的溶质吸收，考虑了溶质迁移的 3 个过程，即分子扩散、对流和动力弥散。瞬时溶质平衡方程为

$$\rho_b \frac{\partial S}{\partial t} = \rho_l \frac{\partial}{\partial z}\left((D_H + D_m)\frac{\partial c}{\partial z}\right) - \rho_l \frac{\partial (q_l c)}{\partial z} - \rho_b V \tag{4.104}$$

式中：$\rho_b \dfrac{\partial S}{\partial t}$ 为某层土壤所有溶质的变化速率，mol/(m³·s)；$\rho_l \dfrac{\partial}{\partial_z}\left((D_H + D_m)\dfrac{\partial c}{\partial_z}\right)$ 为由于扩散和弥散综合影响引起的净溶质通量，mol/(m³·s)；$-\rho_l \dfrac{\partial(q_l c)}{\partial_z}$ 为对流引起的净溶质通量，mol/(m³·s)；$-\rho_b V$ 为土壤降解和根系吸收引起的溶质流失项，mol/(m³·s)；ρ_b 为土壤容重，kg/m³；S 为单位质量土壤中的总溶质量，mol/kg；D_H 为水动力弥散系数，m²/s；D_m 为分子扩散系数，m²/s；q_l 为液态水通量，m/s；c 为土壤溶液的溶质浓度，mol/kg；V 为土壤降解和根吸收的项。

1. 分子扩散

土壤中的溶质扩散受土壤含水率和孔隙曲度的影响，与溶质在自由水中的扩散有关，即

$$D_m = D_0 \tau \theta_l^3 \left(\frac{T_K}{273.16}\right) \tag{4.105}$$

式中：D_0 为 0℃给定溶质在自由水中的扩散系数，m²/s；τ 为反映土壤孔隙曲度的常数。

2. 对流

溶质随水分沿水流方向上的运移通量与水分通量和溶质的浓度成正比。溶质对流运移的计算是假定所有孔隙中的流速是均匀的，不考虑溶质的弥散。

3. 弥散

水动力弥散是土壤孔隙中水流速度差异造成的。在曲度小的孔隙及孔隙中部流速快，所以溶质运移较快。弥散系数的大小取决于平均流速，可由式（4.105）计算，即

$$D_{\mathrm{H}}=\frac{\kappa q_{1}}{\theta_{1}} \tag{4.106}$$

式中：κ 为与土壤性质有关的常数。

4. 溶质吸附

在土壤溶液中给定溶质的浓度与土壤基质吸附的溶质浓度之间的关系，取决于是否存在其他类型的溶质以及土壤本身的交换特性，表达式为

$$S=\left(K_{\mathrm{d}}+\frac{\rho_{1}\theta_{1}}{\rho_{\mathrm{b}}}\right)c \tag{4.107}$$

式中：K_{d} 为土壤基质和土壤溶液之间的分离系数，对于完全不被吸附的溶质来说，$K_{\mathrm{d}}=0$；对于像磷和铁被强烈吸附的溶质来说，$K_{\mathrm{d}}\approx 60\mathrm{kg/kg}$。

4.4.7 下边界条件

为指定下边界的热量和水通量条件，模型提供了两个选项。下边界的土壤温度和含水量可以由用户指定也可由模型估算。用户指定的数据通过温度和水分输入文件输入。模型对不同日期的输入数据线性内插以获得每个时步下边界的温度和含水量。因此，用户指定的温度或含水量需要至少两个输入剖面。

如果下边界的土壤含水量是模型估算的，则假定水汽通量梯度只与重力有关。在此假设下，入渗势梯度项变为0，剩下单一的重力项。所以，这种下边界条件有时就指单位梯度。而下边界所含水的通量等于不饱和水压传导率。

基于两层土壤底部、剖面深度和下边界的阻尼深度的温度加权，每个时步完成时模型将有选择地估算下边界的土壤温度。该温度由式（4.108）计算，即

$$T_{N_{\mathrm{S}}}^{j+1}=(1-A_{T})T_{N_{\mathrm{S}}}^{j}+A_{T}T_{N_{\mathrm{S}-1}}^{j} \tag{4.108}$$

式中：N_{S} 和 $N_{\mathrm{S}-1}$ 为土壤底层和其上一层，上标表示时间步长开始 j 和结束 $j+1$ 的值。A_{T} 的值用土壤底层深度的年阻尼深度由式（4.109）估算，即

$$A_{T}=\frac{\Delta t}{24}\left[-0.00082+\frac{0.00983957d_{\mathrm{d}}}{z_{N_{\mathrm{S}}}-z_{N_{\mathrm{S}-1}}}\right]\left(\frac{z_{N_{\mathrm{S}}}}{d_{\mathrm{d}}}\right)^{-0.381266} \tag{4.109}$$

式中：Δt 为时间步长；d_{d} 为阻尼深度（m），由式（4.110）计算，即

$$d_{\mathrm{d}}=\left(\frac{2k_{\mathrm{s}}}{C_{\mathrm{s}}\omega}\right)^{\frac{1}{2}} \tag{4.110}$$

式中：ω 为温度年振荡的径向频率，取值为 $1.99238\times10^{7}\mathrm{Hz}$。

4.4.8 方程求解

上述一维状态方程描述无穷小层次的能量、水分和溶质平衡。每个节点平衡方程写为隐式有限差分并采用迭代Newton-Raphson方法求解。隐式差分近似使我们可以把这些方程应用到表征有限厚度层次的节点；在假设梯度为线性的情况下，计算节点之间的通量；每个节点的能量存储基于各层的厚度得到；每层和其相邻层的平衡方程采用未知终结时步

值的形式；计算了通量方程的偏导数，与未知值的 Newton-Raphson 近似形成三角矩阵；直到达到允许的范围后迭代完成。

每个时步内，热量通量方程和水分通量方程的 Newton-Raphson 迭代交替进行。热量通量方程的一个迭代进行后，在该时步末更新温度的计算。随后，水分通量方程进行一个迭代，其中，更新冠层和凋落物中的水汽密度，确定土壤未冻结层的矩阵势以及冻结土壤层中的冰含量。模型继续迭代直到随后每层的热量和水分通量的迭代都在容许的误差范围内。总之，热量和水分通量方程同步求解，并包含二者之间的校正平衡。

热量和水分通量方程的迭代达到闭合收敛后，再用水分平衡计算中的流量来计算溶质传输。如果能量和水分平衡闭合收敛需要多次迭代，充足的水分运动有可能影响溶质含量，而重新计算的溶质含量将会与能量和水分平衡计算中用到的明显不同。在此情况下，程序返回到能量和水分平衡用新的溶质含量计算并迭代直到闭合收敛。

4.5　土壤水热盐运移规律研究

4.5.1　不同地表条件下水热模型建立

1. 模型建立

SHAW 模式输入的信息包括：积雪、土壤温度、土壤含水量的初始状态；逐日的气象状况；模拟地点的一般信息；描述植被覆盖、积雪、残积层及土壤的参数等。由于 2012—2014 年该试验区基本无降雪，本书不考虑积雪层。模拟地点基本资料信息包括海拔、纬度、坡度、坡向和地表反射率参数等，见表 4.10。

表 4.10　模拟地点基本信息

纬度	坡度	海拔/m	坡向/(°)	地表干土反射率	湿土反射率系数
40°50′N	1/5000	1042	0	0.3	0.35

2. 模型参数确定

(1) 气象数据。SHAW 模型的初始输入还包括上边界层的气象条件和下边界土壤层的初始温度和含水率剖面分布条件。可以按小时或日为时间步长的观测值作为模型的输入。本书采取逐小时气象要素，包括气温（℃）、风速（m/s）、相对湿度（%）、降雨（mm）以及水平面观测的太阳总辐射（W/m^2）。2002—2011 年太阳辐射资料来源于距试验区最近的杭锦后旗气象站；2012—2014 年太阳辐射和其他气象资料来源于试验点农田气象站。

(2) 土壤水热盐数据。模型要求输入不同深度每个节点上的土壤含水率的初始及结束时的值，中间时刻的土壤含水率不作要求。土壤含水率要求为总含水率，即液态含水率与固态含水率之和。地温采用温度传感器自动采集，模型要求输入不同深度每个节点上的土壤温度，中间时刻的土壤含水率与温度不作要求。

土壤水分、盐分分别在土壤冻结初期、冻结期和融解期 3 个时期采样测定。冻融土壤总含水率测定采用机械土钻取土烘箱烘干称重法测定，未冻结含水率采用土壤水分测定仪测定；土壤盐分采用 1∶5 土水混合提取液速测 EC 值。采样土层为 5cm、15cm、25cm、

40cm、60cm、80cm 和 100cm。

(3) 水力特性参数。SHAW 模型中的水力特性参数饱和导水率 K_s、空气进入势 ψ_e 和空隙大小分布指数 b 根据土壤的结构、容重、颗粒组成等基本特性确定。

Campbell 建立了根据土壤的结构、容重、颗粒组成等基本特性计算土壤颗粒的几何平均直径 d_g 和几何标准差 σ_g 的经验公式，即

$$d_g = \exp(x) \tag{4.111}$$

$$\sigma_g = \exp[(y - x^2)^{\frac{1}{2}}] \tag{4.112}$$

其中：

$$x = m_c \ln 0.01 + m_{si} \ln 0.026 + m_{sa} \ln 1.025 \tag{4.113}$$

$$y = m_c (\ln 0.01)^2 + m_{si} (\ln 0.026)^2 + m_{sa} (\ln 1.025)^2 \tag{4.114}$$

m_c、m_{si}、m_{sa} 分别为土壤中黏粒、粉粒和砂粒的百分含量。

已知土壤的几何平均直径 d_g 和几何标准差 σ_g，可按以下的经验方程计算土壤的水力特性参数 (Campbell)。标准容重 (1.3g/m^3) 下的空气进入势 ψ_{es} 为

$$\psi_{es} = -0.2 d_g^{-\frac{1}{2}} \tag{4.115}$$

空隙大小分布指数 b、空气进入势 ψ_e 和土壤饱和水力传导度 K_s 由式 (4.115)、式 (4.117) 和式 (4.118) 计算，即

$$b = -2\psi_{es} + 0.2\sigma_g \tag{4.116}$$

$$\psi_e = \frac{\psi_{es}}{g} \left(\frac{\rho_b}{1.3}\right)^{0.67b} \tag{4.117}$$

$$K_s = 14.1 \left(\frac{1.3}{\rho_b}\right)^{1.3b} \exp(-6.9 m_c - 3.7 m_{si}) \tag{4.118}$$

4.5.2 不同地表条件下土壤水热模型检验

本书采用室内实验和 2012—2013 年田间试验观测结果率定 SHAW 模型的各项参数，并将模型模拟结果与试验结果进行对比，检验 SHAW 模型计算方法的精确性和可靠性。

模型参数均先按 SHAW 模型初步确定，然后采用 2012—2013 年冻融期间水热盐动态实测资料进一步率定，最后用 2013—2014 年冻融期土壤水热盐的田间试验资料对已经初步率定的 SHAW 模型进行检验。模拟值与实测值的吻合程度采用均方误差 RMSE 来定量表示，即

$$\text{RMSE} = \sqrt{\frac{1}{N}\sum_{i=1}^{N}(Y_i - \hat{Y}_i)^2} \tag{4.119}$$

式中：Y_i 为观测值；$\hat{Y}_i$ 为模拟值；N 为观测样本数。

1. 土壤水分的检验

图 4.12 和图 4.13 分别为冬小麦土壤冻结期 2013 年 12 月 11 日和 2014 年 1 月 5 日以及冬小麦土壤融解期 2014 年 2 月 14 日和 2014 年 2 月 27 日不同深度土壤含水率模拟值与实测值的比较。由图可见，土壤含水率的模拟值和实测值基本接近；按照式 (4.118) 计算得 0～100cm 各个冻融期间土壤平均含水率的模拟值与实测值的均方误差 RMSE 为 $0.002 \sim 0.080\text{cm}^3/\text{cm}^3$。因此，说明冻融期间土壤含水率的模拟值与实测值相差不大。

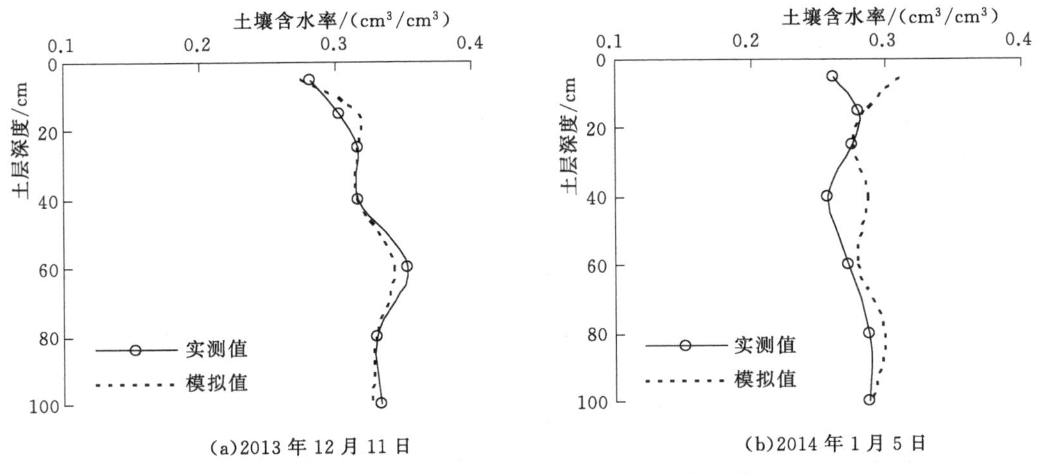

图 4.12　土壤冻结期含水率模拟值与实测值

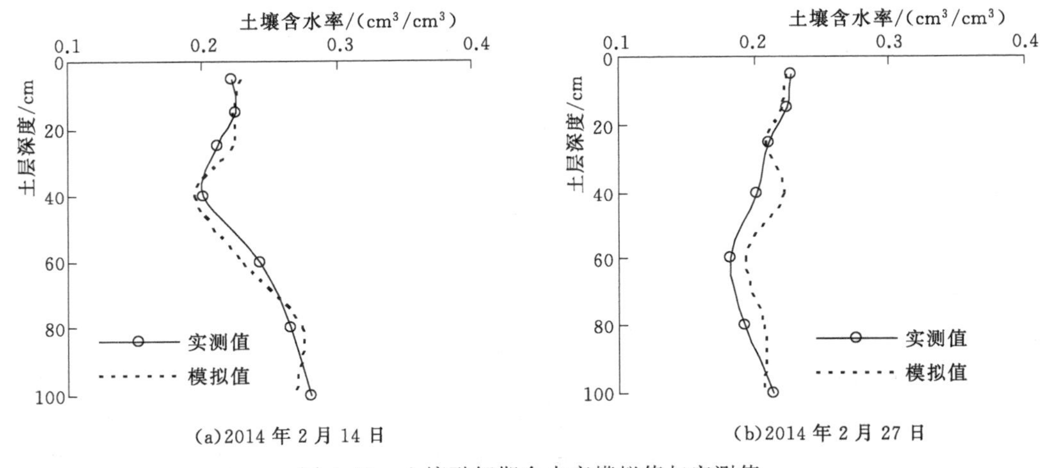

图 4.13　土壤融解期含水率模拟值与实测值

2. 土壤温度检验

图 4.14 所示为 2013 年冬小麦不同土层土壤温度模拟值和实测值的对比结果。从图中可以看出，模拟值和实测值差异较小，不同土层土壤温度模拟值与实测值的均方误差 *RMSE* 为 0.2～2.5℃。说明土壤温度的模拟值与实测值相差不大，SHAW 模型能够较好地模拟描述整个冻融期土壤温度的变化过程。

3. 地表能量的模拟检验

利用 2013—2014 年试验区农田微气象站实测的资料可以计算出实测的净辐射 R_n，与模型模拟的净辐射 R_n 对比结果如图 4.15 所示。净辐射实测值与模拟值的均方误差 *RMSE* 为 54.2W/m²。由于辐射能是系统的主要能量来源，模拟的净辐射和实测的净辐射的逐日变化过程基本吻合，说明可利用 SHAW 模型模拟对该试验区进行土壤水热模拟。

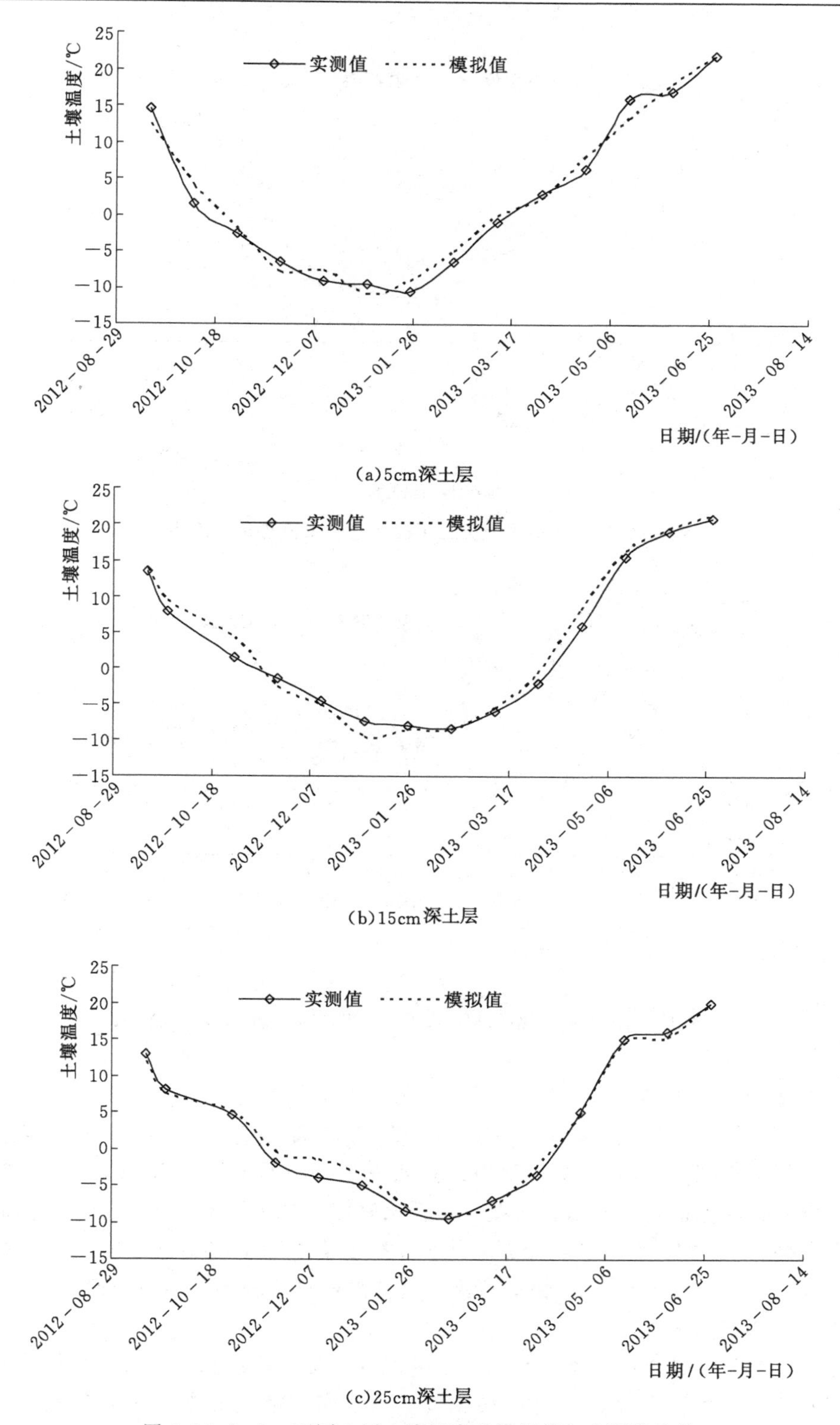

图 4.14（一） 不同土层土壤温度的模拟值与实测值比较

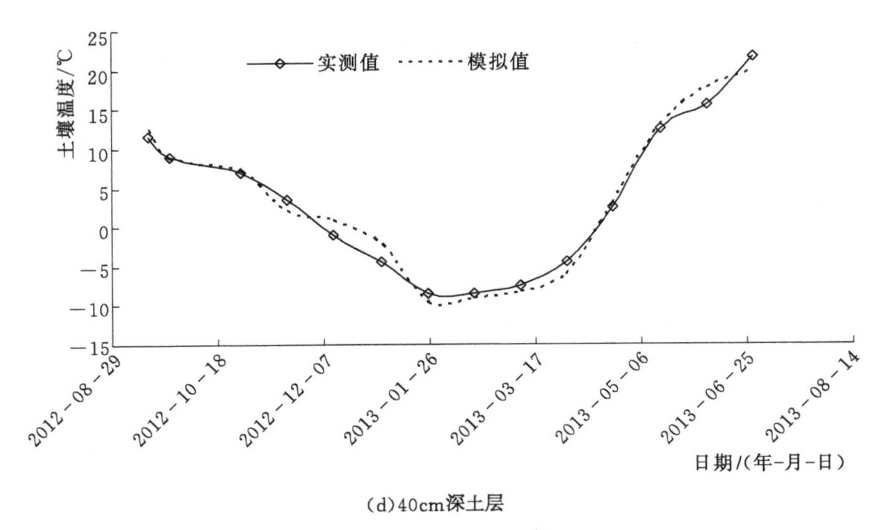

(d)40cm深土层

图 4.14（二）　不同土层土壤温度的模拟值与实测值比较

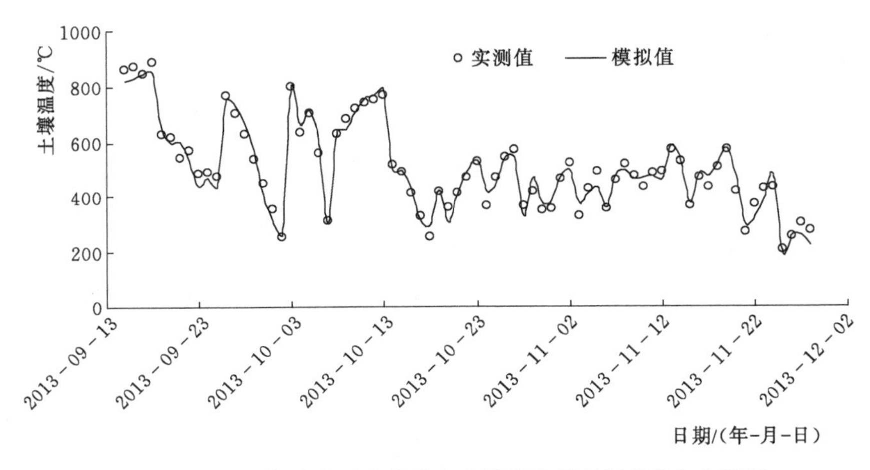

图 4.15　2013 年试验区冻结前和冻结期净辐射模拟值与实测值

4. 土壤盐分的模拟检验

图 4.16 和图 4.17 分别为试验区 2013 年 12 月 15 日和 2014 年 1 月 22 日轻度含盐土壤盐分模拟值与实测值，图 4.17 所示为试验区 2013 年 12 月 15 日和 2014 年 1 月 22 日中度含盐土壤盐分模拟值与实测值；方差分析得出轻度含盐土壤不同土层盐分模拟值与实测值的均方误差为 0.024～0.172mS/cm，中度含盐土壤不同土层盐分模拟值与实测值的均方误差为 0.028～0.195mS/cm。由此可见，盐分的模拟检验结果相对较好。

5. 模型参数率定结果

根据上述模拟冻融条件下土壤水分、土壤温度、地表能量和土壤盐分模拟检验，根据误差要求有针对性地调整分子扩散相关参数 τ 和溶质弥散相关参数 κ 等有关参数，得出 SHAW 模型率定后的土壤特性参数，见表 4.11。

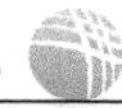

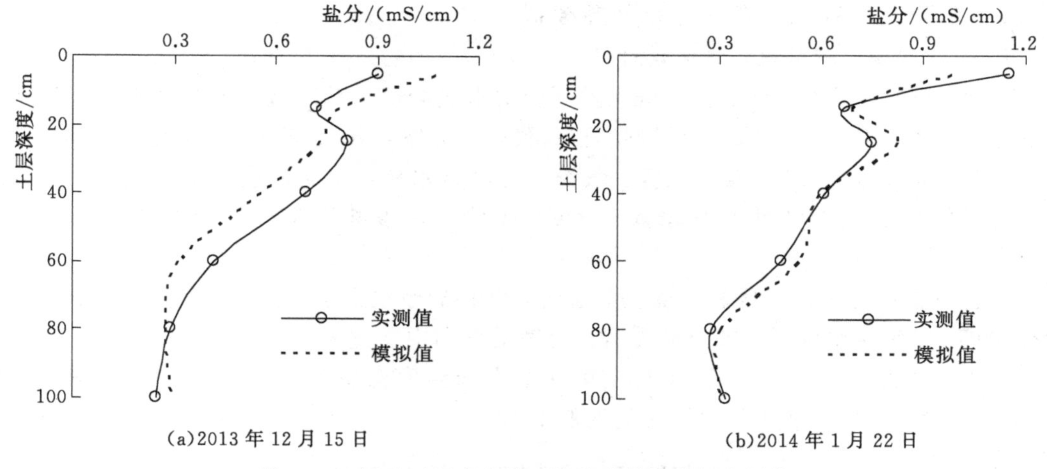

图 4.16 试验区轻度含盐土壤盐分模拟值与实测值

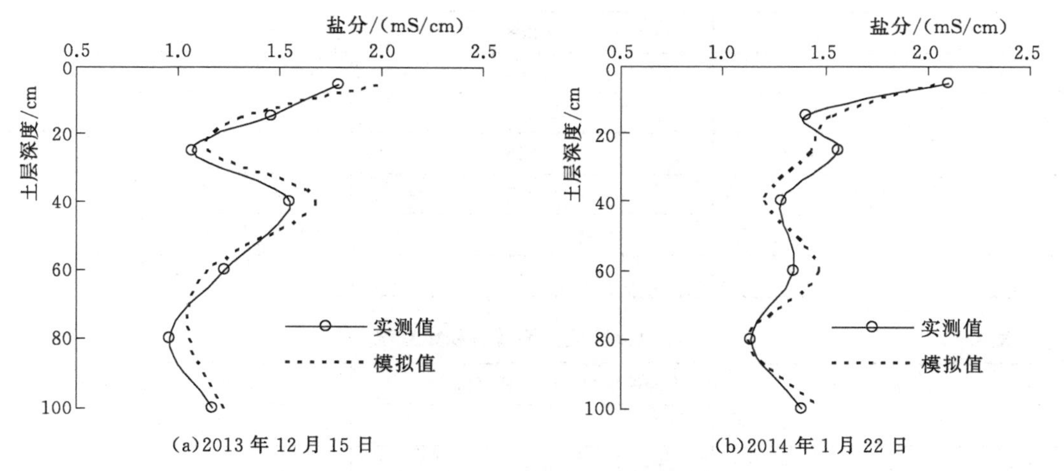

图 4.17 试验区中度含盐土壤盐分模拟值与实测值

表 4.11 率定后的土壤特性参数

节点深度/m	孔隙大小分布指数 b	空气进入势 ψ_e/m	饱和导水率/(cm/h)	土壤干容重 ρ_b/(kg/m^3)	饱和体积含水率/%	分子扩散相关参数 τ	溶质弥散相关参数 κ /m
5	3.5	−0.01	1.05	1.42	0.428	2.4	0.008
15	3.5	−0.03	1.12	1.42	0.428	2.4	0.008
25	3.1	−0.06	1.09	1.42	0.428	2.4	0.008
40	3.4	−0.04	1.09	1.42	0.428	2.4	0.008
60	2.9	−0.04	1.08	1.40	0.436	2.4	0.008
80	3.2	−0.04	1.05	1.40	0.436	2.4	0.008
100	3.1	−0.05	1.05	1.40	0.436	2.4	0.008

4.5.3 基于 SHAW 模型的土壤水热盐模拟

1. 土壤冻融过程的模拟方案设计

利用 SHAW 模型对试验区冻融条件下土壤水热盐迁移动态进行系统模拟，根据土壤水热盐因子及相应的水平来划分模型模拟的代表性方案，开展冻融土壤水热盐运移规律研究。将试验区 2013—2014 年的土壤、气象、土壤含水率、土壤温度和土壤盐分资料以及经率定后的初始土壤特性参数输入 SHAW 模型，模拟冻融条件下土壤水热盐的动态变化。

模拟方案设计为：轻度和中度土壤盐渍化两种盐渍化土壤条件：分别为轻度和中度盐渍化土壤。3 种灌水水平，即充分灌溉、轻度受旱和中度受旱。

模拟试验区 2013 年 10 月 21 日土壤含水率和温度初始状况见表 4.12，模拟试验区 2013 年 10 月 21 日土壤盐分初始状况见表 4.13。

表 4.12 模拟试验区土壤含水率和温度初始状况

土层深度/cm	土壤含水率/(cm^3/cm^3)	土壤温度/℃
5	0.258	0.5
15	0.290	1.7
25	0.296	4.2
40	0.246	6.0
60	0.245	7.4
80	0.238	8.5
100	0.218	8.8

表 4.13 模拟试验区土壤盐分初始状况

土层深度/cm	轻度含盐土壤盐分/(mS/cm)	中度含盐土壤盐分/(mS/cm)
5	1.09	1.86
15	0.70	1.36
25	0.81	1.08
40	0.62	1.58
60	0.53	1.16
80	0.31	0.98
100	0.33	1.17

2. 土壤冻融过程的模型模拟

土壤的冻融作用在不同冻融阶段具有不同的冻结和融化特点。为全面分析土壤在整个冻融期季节性冻融过程，探讨影响土壤冻融因素，以 2013—2014 年冬小麦冻结期和融解期作为模拟时段进行分析。图 4.18 表示由 SHAW 模型模拟的 2013—2014 年冻融期土壤的冻结和融化过程。

由图 4.18 可以看出整个冻融期可分为 4 个阶段，即不稳定冻结阶段、快速冻结阶段、稳定冻结阶段和融解阶段。

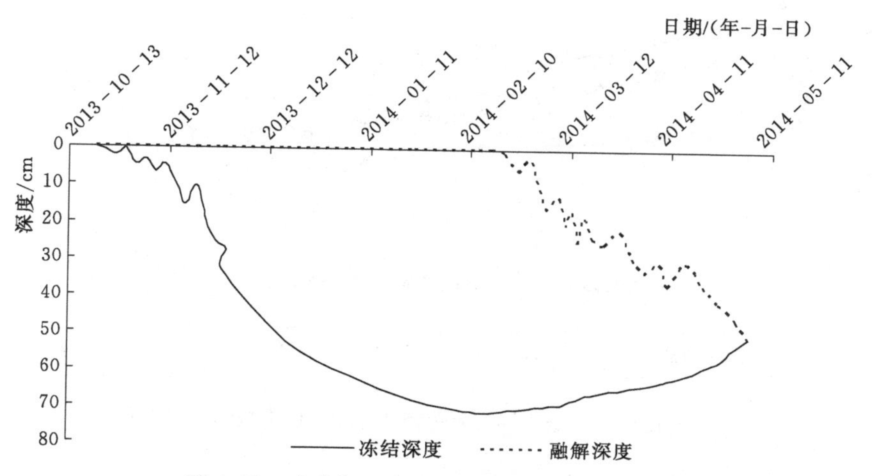

图 4.18 冻融期土壤冻结和融化过程模拟曲线

(1) 不稳定冻结阶段。随着平均气温在 0℃附近波动，白天气温在 0℃以上，夜间气温在 0℃以下，表层土壤呈现昼融夜冻现象，且最大冻结深度较小，小于 10cm。由于受气温变化影响较大，曲线呈多次波动，反映此阶段冻融循环剧烈，冻层在夜间形成，白天融解。

(2) 快速冻结阶段。随着气温的降低，土壤累积负温持续降低，冻结封面快速向下发展，冻结深度持续增大，2 月 10 日土壤冻结深度达到最大值 71.5cm。

(3) 稳定冻结阶段。土壤冻结深度相对稳定于 68.5～71.5cm 的范围内，持续时间约为 30d。

(4) 融解阶段。随着气温和地表温度回升，土壤进入消融阶段，地表土壤再次呈现从地表向下以及由下向上的双向融解现象。从 2 月 20 日起，消融速度迅速增大，土壤上层进入稳定融化阶段。土壤上层消融速度不断增大，融化深度持续向下发展，同时下层土壤开始融化；土壤消融速度大于冻结速度，上层的消融速度大于下层，到 5 月 4 日，土壤上下融解交汇，土壤冻层融通解冻过程完成。

3. 不同处理对冻融期土壤储水量的影响模拟

图 4.19 表示轻度含盐土壤充分灌溉、轻度受旱和中度受旱处理下冻结期至融解后土壤 1.0m 深土层储水量的变化过程，土壤储水量随时间的变化规律基本一致；从开始冻结的 2013 年 10 月 21 日至融解后的 2014 年 3 月 10 日，没有进行灌水，期间也基本无有效降水过程，因此在蒸发的作用下，土壤 1.0m 深土层的储水量均表现为持续下降的过程，并且随着冻结的稳定，土壤储水量下降速度较为平缓，充分灌溉处理的下降速度相对较大。

图 4.20 表示中度含盐土壤充分灌溉、轻度受旱和中度受旱处理下冻结期至融解后土壤 1.0m 深土层储水量的变化过程，与轻度含盐处理土壤储水量随时间的变化趋势一致；土壤冻结初期开始土壤储水量下降幅度渐小；土壤开始融解后轻度盐渍化土壤储水量略有下降；中度盐渍化土壤储水量下降幅度相对较大；充分灌溉和轻度受旱处理的灌溉水量有效改善了土壤墒情，有利于冬小麦返青。

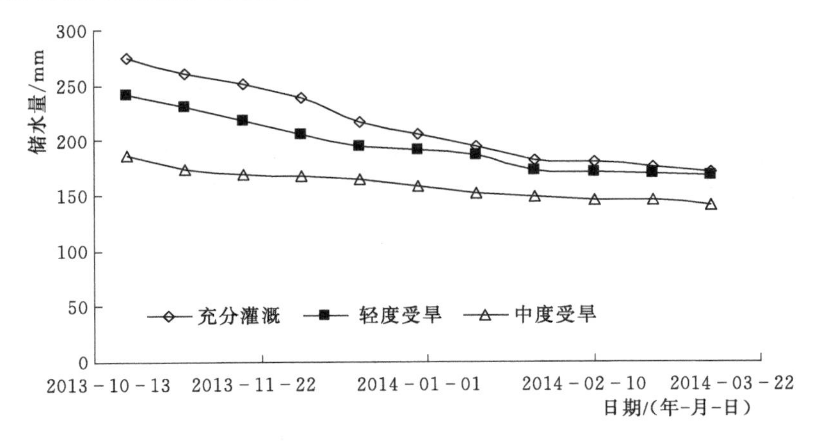

图4.19　轻度含盐土壤不同灌水处理1.0m土层土壤储水量变化曲线

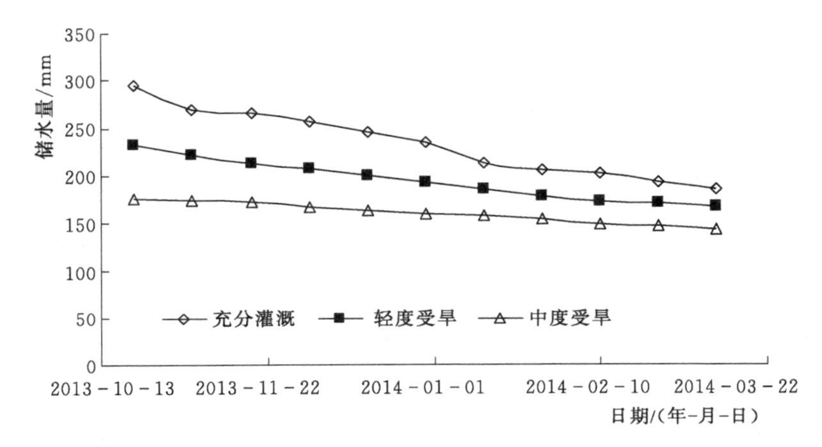

图4.20　中度含盐土壤不同灌水处理1.0m土层土壤储水量变化曲线

4. 秋浇定额对冻融期土壤盐分的影响

图4.21表示轻度含盐土壤充分灌溉、轻度受旱和中度受旱处理下冻结期至融解后5cm深土层土壤盐分变化过程，从图中可以看出，在冻结初期至土壤融解土壤5cm深土

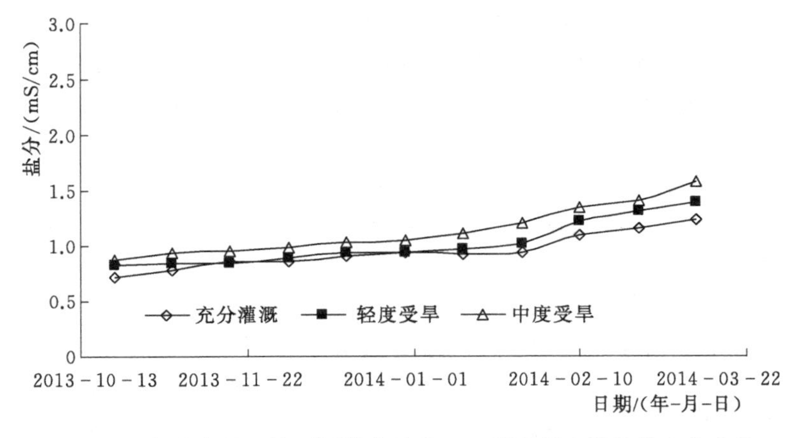

图4.21　轻度含盐土壤不同灌水处理5cm深土层土壤盐分变化曲线

层，由于受气温和地表蒸发等的影响强烈，盐分逐渐升高，特别是在土壤融解期盐分上升的速度和幅度均较大；中度受旱处理5cm深土层土壤盐分上升幅度增大显著，充分灌溉处理土壤盐分上升幅度相对较小，轻度受旱处理土壤盐分上升幅度居中。

图4.22表示中度含盐土壤充分灌溉、轻度受旱和中度受旱处理下冻结期至融解后5cm深土层土壤盐分变化过程，与轻度含盐处理土壤盐分随时间的变化规律基本一致；在相同的灌水处理条件下轻度、中度含盐土壤的5cm深土层盐分上升速度逐渐增大；并且在融解期5cm深土层盐分积聚尤为明显。

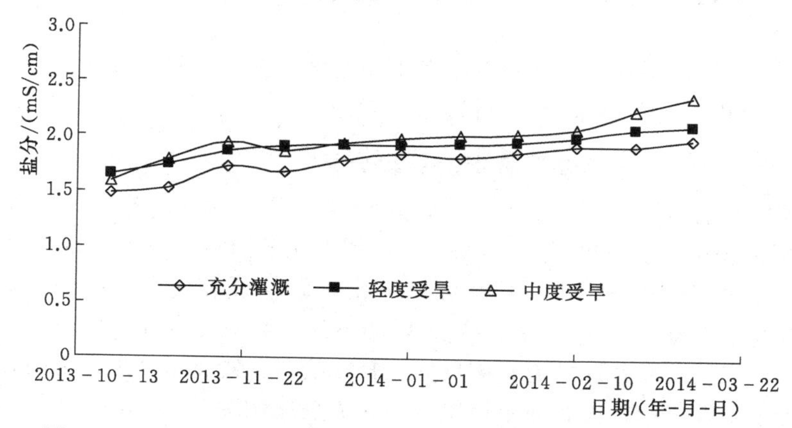

图4.22 中度含盐土壤不同灌水处理5cm深土层土壤盐分变化曲线

4.6 小结

(1) 地膜覆盖无论在冻结前、冻结前期还是在融解后期对各土层均具有较好的增温效果，秸秆覆盖效果稍差；地膜覆盖和秸秆覆盖对土壤增温影响主要在土壤表土层，随着深度的增加，增温效果逐渐降低，40cm深土层的增温作用较小。

(2) 在冬小麦全生育期各土层土壤温度总的变化趋势是先逐渐降低，其中表层土降温最快；随着气温的不断升高，5cm深土层最先融解，并且融解速度较快，40cm深土层融解速度最慢。

(3) 土壤冻结时间长而消融时间短，土壤消融速度远大于冻结速度；土壤温度变化过程在冻结期和融化期呈现不同特点，冻结期随着土壤深度的增加而升高，融化期随着土壤深度的增加而降低。

(4) 通过对土壤水分、土壤温度、地表能量和土壤盐分的模拟检验，表明SHAW模型可以较好地对试验区土壤进行水热盐模拟分析。

(5) 冻融期土壤冻融过程分为不稳定冻结（冻结初期）、快速冻结（冻结中期）、稳定冻结及融解期4个阶段；土壤中的冻层形成后，与大气间的水汽交换被地表附近的冻结层阻隔，土壤温度上部低下部高，土壤剖面上都进行着单向冻结过程。

(6) 轻度和中度含盐处理土壤盐分随时间的变化规律基本一致；在相同的灌水处理条件下轻度、中度含盐土壤的5cm深土层盐分上升速度逐渐增大；并且在融解期5cm深土层盐分积聚尤为明显。

第5章　水热盐耦合效应对冬小麦的影响研究

5.1　水热盐耦合效应对冬小麦生长指标影响分析

以轻度含盐土壤不同试验处理对冬小麦生长指标的影响为例进行分析，分别对轻度含盐土壤的12个处理进行单因素对比分析。

5.1.1　不同试验处理对冬小麦返青率的影响分析

分别对轻度含盐土壤无覆盖充分灌溉处理1（CK－W）、无覆盖轻度受旱处理2（LD－W）、无覆盖中度受旱处理3（MD－W）和无覆盖重度受旱处理4（SD－W）进行冬小麦返青率影响分析。从图5.1中可以看出，轻度受旱处理冬小麦返青率最高为87.5%，重度受旱处理冬小麦返青率最低为70.6%，两者相差16.9%，差异较为明显；同时可以看出，充分灌溉处理的返青率反而比轻度受旱处理低3.1%，说明在气温较低时充分灌溉处理土壤含水率较大，而土壤温度与其成反比例关系，使轻度受旱处理的土壤温度比充分灌溉的高，轻度受旱反而有利于冬小麦返青。

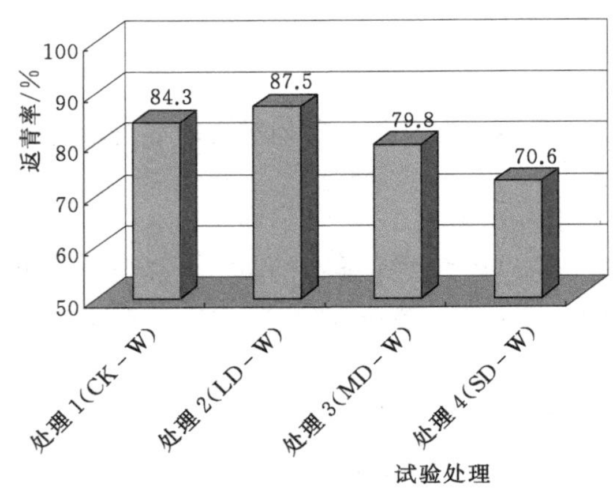

图5.1　不同灌水处理冬小麦返青率

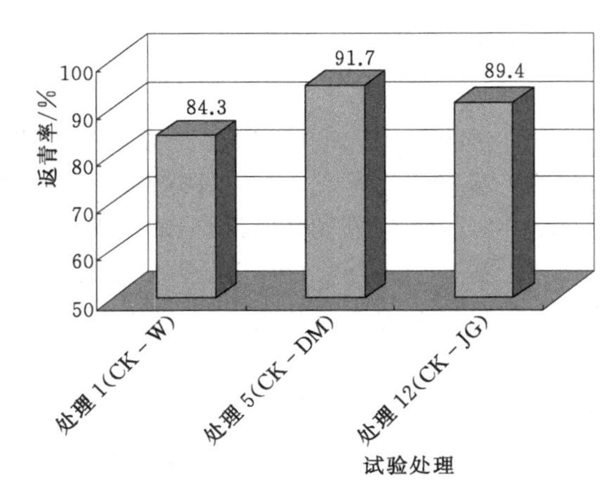

图5.2　充分灌溉条件下不同覆盖处理冬小麦返青率

图5.2所示为轻度含盐土壤充分灌溉条件下不同覆盖处理冬小麦返青率，对轻度含盐土壤无覆盖充分灌溉处理1（CK－W）、地膜覆盖充分灌溉处理5（CK－DM）和秸秆覆盖充分灌溉处理12（CK－JG）进行冬小麦返青率影响分析得出，地膜覆盖条件下冬小麦返青率最高为91.7%，其次为秸秆覆盖条件下冬小麦返青率为89.4%；地膜覆盖和秸秆覆盖条件下冬小麦返青率分别比无覆盖处理高7.4%和5.1%，效果显著。

图5.3所示为轻度含盐土壤中度受旱条件下不同覆盖处理冬小麦返青率，对轻度含盐土壤无覆盖中度受旱处理3（MD－W）、地膜覆盖中度受旱处理7（MD－DM）和秸秆覆

盖中度受旱处理10（MD－JG）进行冬小麦返青率影响分析得出，地膜覆盖条件下冬小麦返青率最高，为84.9%，其次为秸秆覆盖条件下冬小麦返青率为82.5%；中度受旱条件下地膜覆盖和秸秆覆盖对冬小麦返青率分别比充分灌溉处理低6.8%和6.9%。

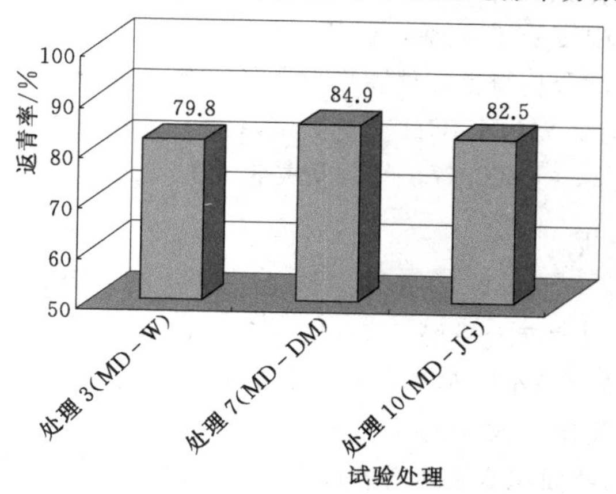

图5.3　中度受旱条件下不同覆盖处理冬小麦返青率

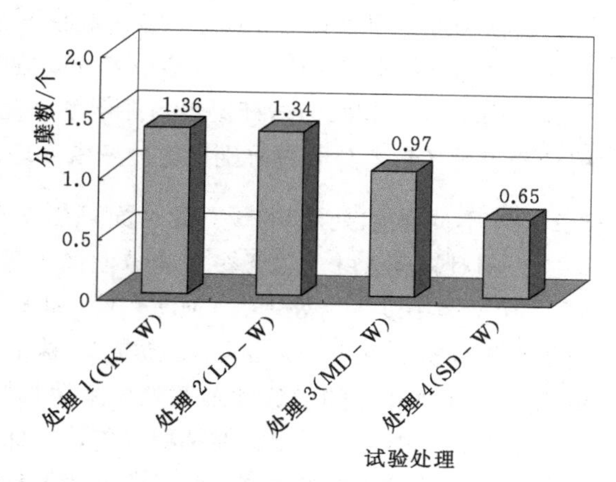

图5.4　不同灌水处理冬小麦分蘖数

5.1.2　不同试验处理对冬小麦分蘖数的影响分析

根据田间实测数据分别对轻度含盐土壤无覆盖充分灌溉处理1（CK－W）、无覆盖轻度受旱处理2（LD－W）、无覆盖中度受旱处理3（MD－W）和无覆盖重度受旱处理4（SD－W）进行冬小麦分蘖数的影响分析。从图5.4中可以看出，充分灌溉处理冬小麦分蘖数最高为1.36个，重度受旱处理冬小麦分蘖数最低，为0.65个，两者相差0.71个，差异十分明显。

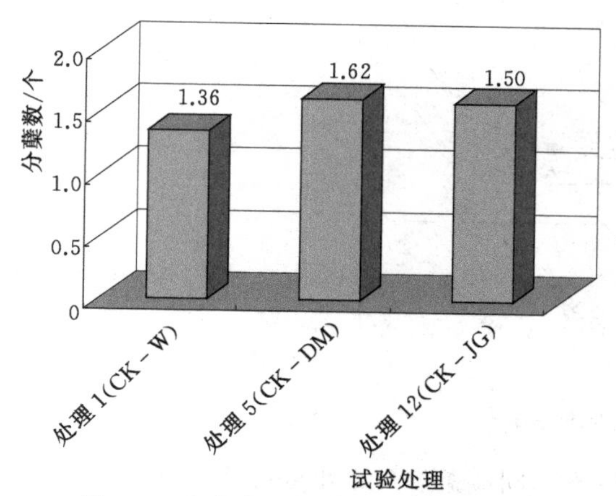

图5.5　充分灌溉条件下不同覆盖处理冬小麦分蘖数

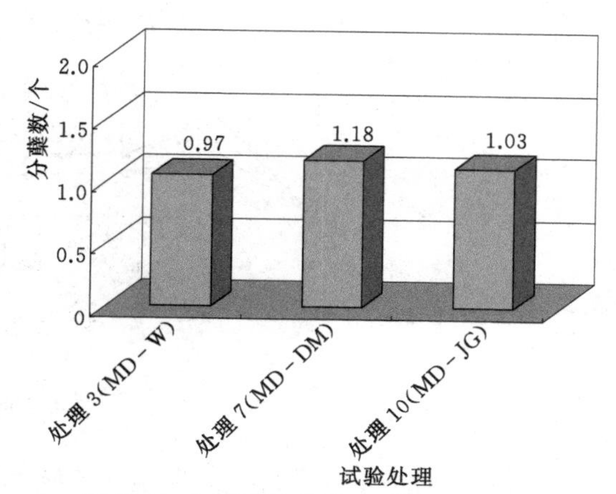

图5.6　中度受旱条件下不同覆盖处理冬小麦分蘖数

图5.5所示为轻度含盐土壤充分灌溉条件下不同覆盖处理冬小麦分蘖数，对轻度含盐土壤无覆盖充分灌溉处理1（CK－W）、地膜覆盖充分灌溉处理5（CK－DM）和秸秆覆盖充分灌溉处理12（CK－JG）进行冬小麦分蘖数影响分析得出，地膜覆盖条件下冬小麦

分蘖数最高为1.62个，其次为秸秆覆盖条件下冬小麦分蘖数为1.50个；地膜覆盖和秸秆覆盖条件下冬小麦分蘖数分别比无覆盖处理高0.26个和0.12个，效果较为明显。

图5.6所示为轻度含盐土壤中度受旱条件下不同覆盖处理冬小麦分蘖数，对轻度含盐土壤无覆盖中度受旱处理3（MD-W）、地膜覆盖中度受旱处理7（MD-DM）和秸秆覆盖中度受旱处理10（MD-JG）进行冬小麦分蘖数影响分析得出，地膜覆盖条件下冬小麦分蘖数最高，为1.18，其次为秸秆覆盖条件下冬小麦分蘖数为1.03；中度受旱条件下地膜覆盖和秸秆覆盖对冬小麦分蘖数分别比充分灌溉处理低0.38和0.47，降低幅度非常明显。

5.1.3　不同试验处理对冬小麦叶面积影响分析

分别对轻度含盐土壤无覆盖充分灌溉处理1（CK-W）、无覆盖轻度受旱处理2（LD-W）、无覆盖中度受旱处理3（MD-W）和无覆盖重度受旱处理4（SD-W）进行冬小麦叶面积影响分析。在各个小区随机选取10株能够代表小区整体长势的植株进行标记，测定植株全部有效叶片的最长和最宽处，采用长宽面积系数法进行计算。

从图5.7中可以看出，在抽穗以前，植株的叶面积值呈现增大趋势，且在返青期，叶面积的增加量最小，在拔节期，叶面积的增加量最大，在抽穗期以后，植株的叶面积呈下降趋势，即叶面积增长速度最快的时期是营养生殖最盛的时期，进入抽穗-灌浆期以后，植株的生长由营养生长转向生殖生长，因此，叶面积也随之下降。对于不同灌水处理而言，叶面积在拔节期末差异达到了最大值。同时，可以明显看出充分灌溉处理和轻度受旱处理冬小麦的叶面积在各生育期都明显高于对应中度和重度受旱各处理小区，充分灌溉处理冬小麦的叶面积在各生育期均比轻度受旱处理稍高，在拔节期各处理冬小麦叶面积差异达到最大值。

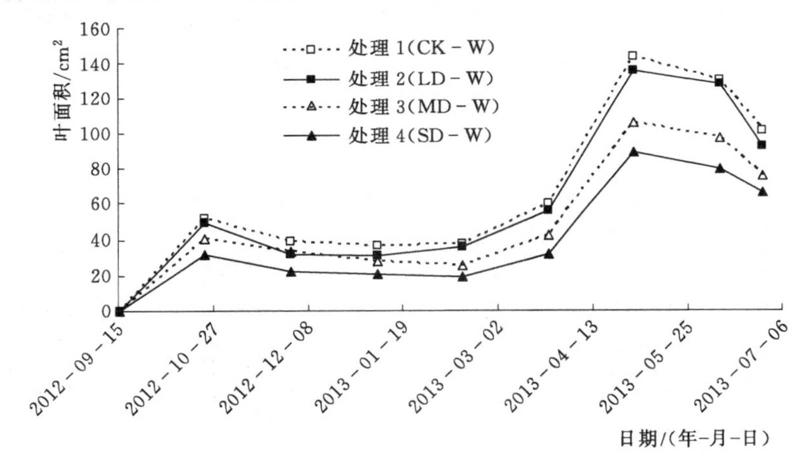

图5.7　不同灌水处理冬小麦叶面积

图5.8所示为轻度含盐土壤充分灌溉条件下不同覆盖处理冬小麦叶面积变化，对轻度含盐土壤无覆盖充分灌溉处理1（CK-W）、地膜覆盖充分灌溉处理5（CK-DM）和秸秆覆盖充分灌溉处理12（CK-JG）进行冬小麦叶面积影响分析得出，在充分灌溉条件下，地膜覆盖冬小麦各生育期对株高均具有明显作用，最高比无覆盖处理高约20.7cm^2；秸秆覆盖对冬小麦叶面积的作用相对较小，最高仅比无覆盖处理高约10.2cm^2。

图5.9所示为轻度含盐土壤中度受旱条件下不同覆盖处理冬小麦叶面积变化，对轻度

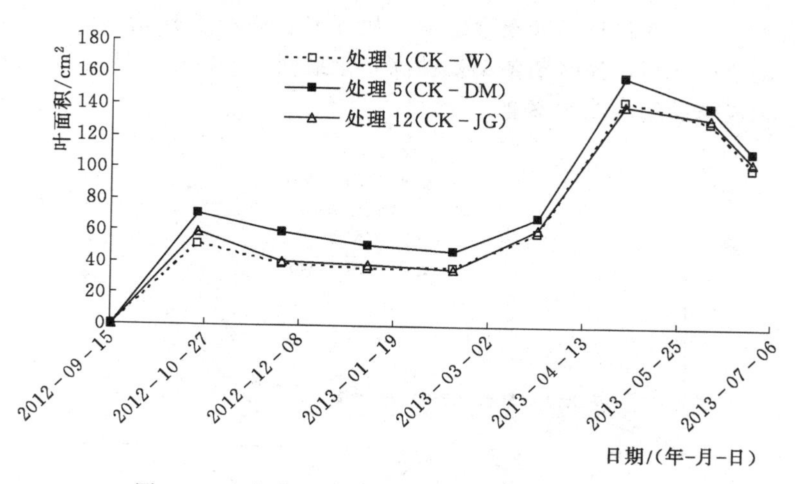

图 5.8　充分灌溉条件不同覆盖处理冬小麦叶面积

含盐土壤无覆盖中度受旱处理 3（MD－W）、地膜覆盖中度受旱处理 7（MD－DM）和秸秆覆盖中度受旱处理 10（MD－JG）进行冬小麦叶面积影响分析得出，中度受旱条件下地膜覆盖和秸秆覆盖处理均具有增加冬小麦叶面积的作用，其中地膜覆盖效果最显著，而中度受旱条件下秸秆覆盖的作用比充分灌溉处理要好。

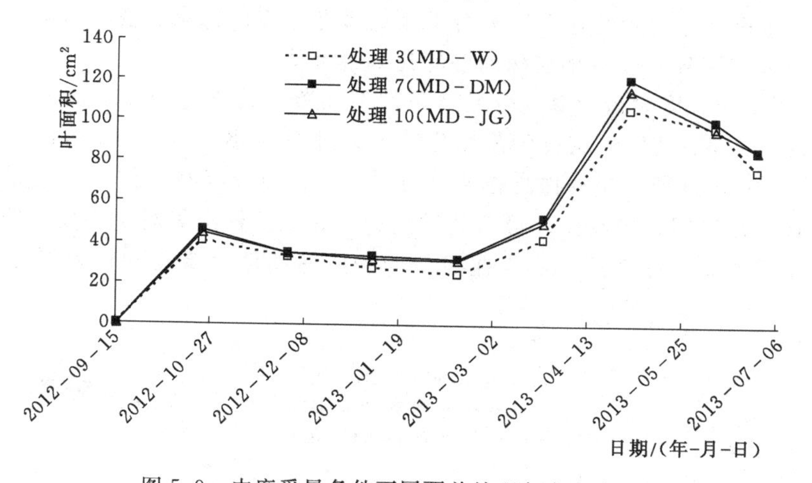

图 5.9　中度受旱条件不同覆盖处理冬小麦叶面积

5.1.4　不同试验处理对冬小麦株高的影响分析

分别对轻度含盐土壤无覆盖充分灌溉处理 1（CK－W）、无覆盖轻度受旱处理 2（LD－W）、无覆盖中度受旱处理 3（MD－W）和无覆盖重度受旱处理 4（SD－W）进行冬小麦株高影响分析。在各个处理小区随机选取能够代表整体长势的 10 株小麦测定不同生育阶段的株高；在抽穗前，测量茎基部到叶片顶端的长度，在抽穗后，测量茎基到穗顶的长度。

从图 5.10 中可以看出，冬小麦的株高在每一个生育期内都随灌水量的增加而增加，从每年的 9 月 15 日开始播种，该时期气温和土壤水分均较有利于小麦出苗，株高变化十分明显；随着气温的降低，土壤开始冻结，直到次年的 2 月底，冬小麦一直处于休眠期，该时期株高基本不发生变化；随着土壤融解，从 3 月初冬小麦开始返青，株高逐渐增大；到拔节期，气温急剧升高，该时期冬小麦株高变化最明显；在拔节期以后，株高的增长速度逐渐减慢，到成熟后期已基本不变。

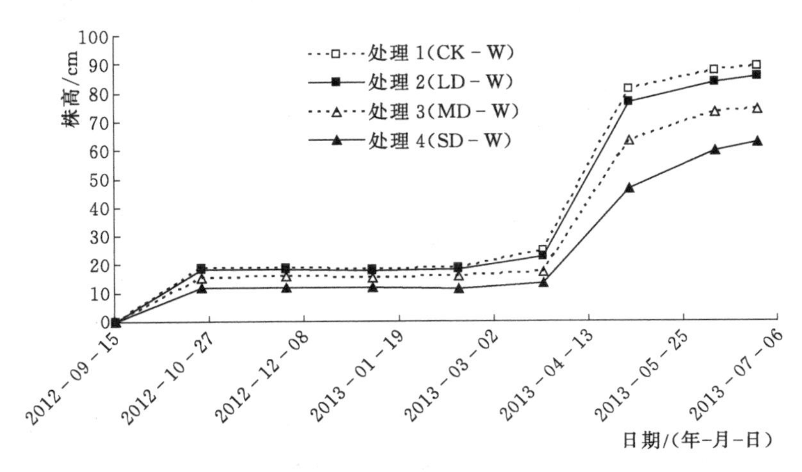

图 5.10 不同灌水处理冬小麦株高

同时可以明显看出，充分灌溉处理和轻度受旱处理冬小麦的株高在各生育期都明显高于对应中度和重度受旱各处理小区，充分灌溉处理冬小麦的株高在各生育期均比轻度受旱处理稍高，在拔节期各处理冬小麦株高差异达到最大值。

图 5.11 所示为轻度含盐土壤充分灌溉条件不同覆盖处理冬小麦株高变化，对无覆盖充分灌溉处理 1（CK－W）、地膜覆盖充分灌溉处理 5（CK－DM）和秸秆覆盖充分灌溉处理 12（CK－JG）进行冬小麦株高影响分析得出，在充分灌溉条件下，地膜覆盖冬小麦苗期株高具有明显作用，最高比无覆盖处理高约 9cm；秸秆覆盖对冬小麦苗期株高作用较小，最高仅比无覆盖处理高约 4cm；在拔节期和成熟期地膜覆盖和秸秆覆盖的作用均不显著。

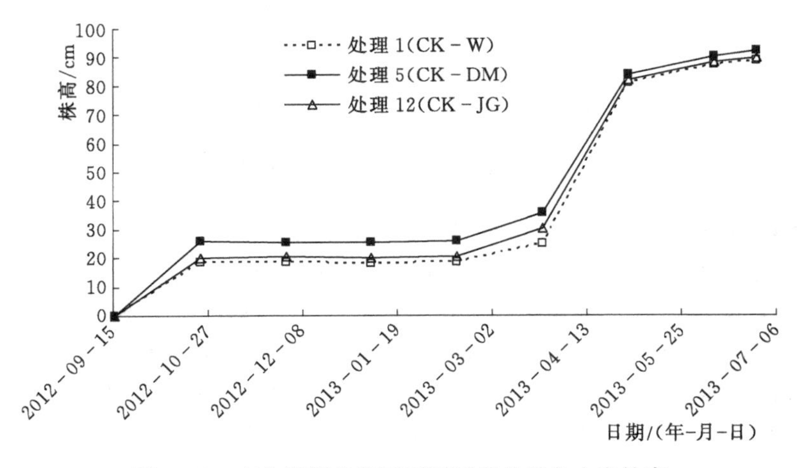

图 5.11 充分灌溉条件下不同覆盖处理冬小麦株高

图5.12所示为轻度含盐土壤中度受旱处理条件下不同覆盖处理冬小麦株高变化，对轻度含盐土壤无覆盖中度受旱处理3（MD-W）、地膜覆盖中度受旱处理7（MD-DM）和秸秆覆盖中度受旱处理10（MD-JG）进行冬小麦株高影响分析得出，地膜覆盖在冬小麦各个生育期对株高均具有一定的效果，而秸秆覆盖处理效果不显著。

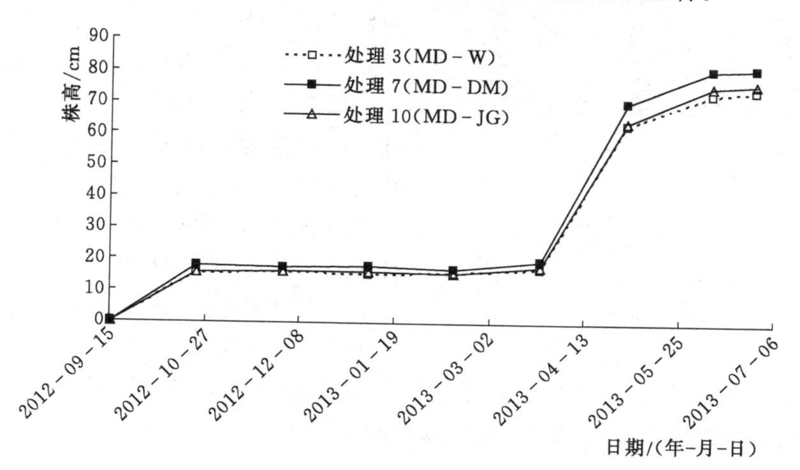

图5.12 中度受旱条件下不同覆盖处理冬小麦株高

5.1.5 不同试验处理对冬小麦千粒重的影响分析

根据试验数据分别对轻度含盐土壤无覆盖充分灌溉处理1（CK-W）、无覆盖轻度受旱处理2（LD-W）、无覆盖中度受旱处理3（MD-W）和无覆盖重度受旱处理4（SD-W）进行冬小麦千粒重影响分析。从图5.13中可以看出，轻度受旱处理冬小麦千粒重最高为46.19g，重度受旱处理冬小麦返青率最低为41.25g，两者相差4.94g，差异较为明显。

图5.14所示为轻度含盐土壤充分灌溉条件下不同覆盖处理冬小麦千粒重，对轻度含盐土壤无覆盖充分灌溉处理1（CK-W）、地膜覆盖充分灌溉处理5（CK-DM）和秸秆

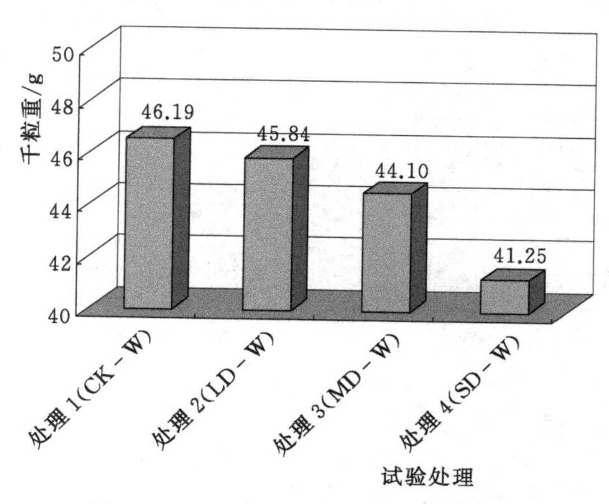

图5.13 不同灌水处理冬小麦千粒重

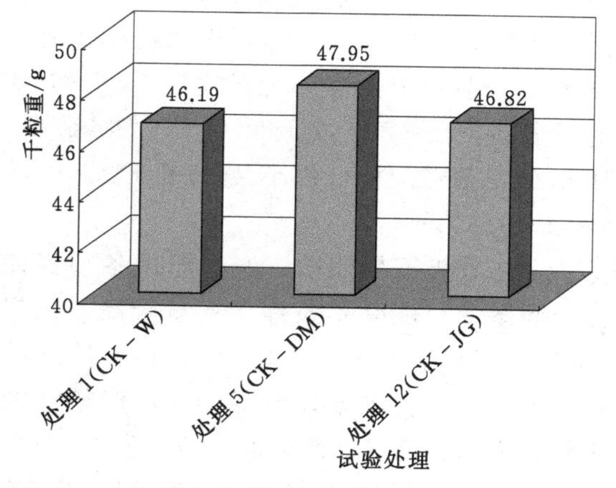

图5.14 充分灌溉条件下不同覆盖处理冬小麦千粒重

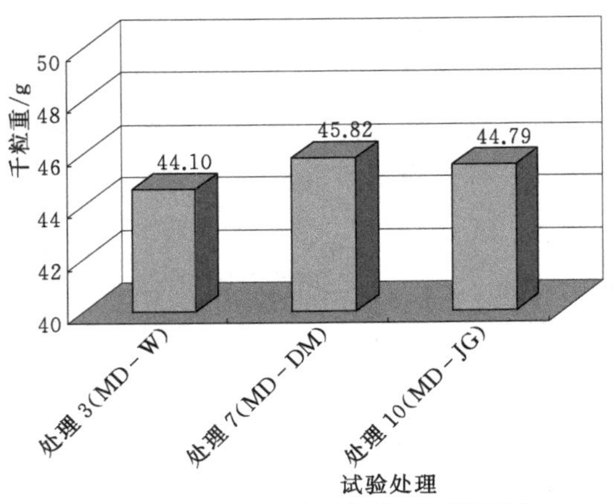

图5.15　中度受旱条件下不同覆盖处理冬小麦千粒重

覆盖充分灌溉处理12（CK-JG）进行冬小麦千粒重影响分析得出，地膜覆盖条件下冬小麦千粒重最高为47.95g，其次为秸秆覆盖条件下冬小麦千粒重为46.82g；地膜覆盖和秸秆覆盖条件下冬小麦千粒重分别比无覆盖处理高1.76%和0.63%，效果较为明显。

图5.15所示为轻度含盐土壤中度受旱条件下不同覆盖处理冬小麦千粒重，对轻度含盐土壤无覆盖中度受旱处理3（MD-W）、地膜覆盖中度受旱处理7（MD-DM）和秸秆覆盖中度受旱处理10（MD-JG）进行冬小麦千粒重影响分析得出，地膜覆盖条件下冬小麦千粒重最高为45.82g，其次为秸秆覆盖条件下冬小麦千粒重为44.70g；中度受旱条件下地膜覆盖和秸秆覆盖对冬小麦千粒重分别比充分灌溉处理低2.13g和2.03g，降低幅度较大。

5.2　水热盐产量和水分生产率分析

5.2.1　不同水热盐条件下对冬小麦产量的影响分析

根据2012—2013年冬小麦田间试验资料，对轻度含盐土壤无覆盖充分灌溉处理1（CK-W）、无覆盖轻度受旱处理2（LD-W）、无覆盖中度受旱处理3（MD-W）和无覆盖重度受旱处理4（SD-W）进行冬小麦产量影响分析。从图5.16中可以看出，无覆盖条件下充分灌溉处理冬小麦产量最高为456.50kg/亩，比现状河套灌区春小麦的平均亩产量390.0kg提高约66.5kg，提高率达到17.05%；轻度受旱冬小麦产量为421.42kg/亩，比现状河套灌区春小麦的平均亩产量390.0kg提高约31.42kg，提高率达到8.06%；中度受旱处理冬小麦产量较低，为312.01kg/亩，减产率较高，比充分灌溉条件下冬小麦的亩产量降低约144.49kg，比现状河套灌区春小麦的平均亩产量降低约77.99kg；重度受旱处理冬小麦产量最低为239.38kg/亩，比充分灌溉条件下冬小麦的亩产量降低约217.12kg。

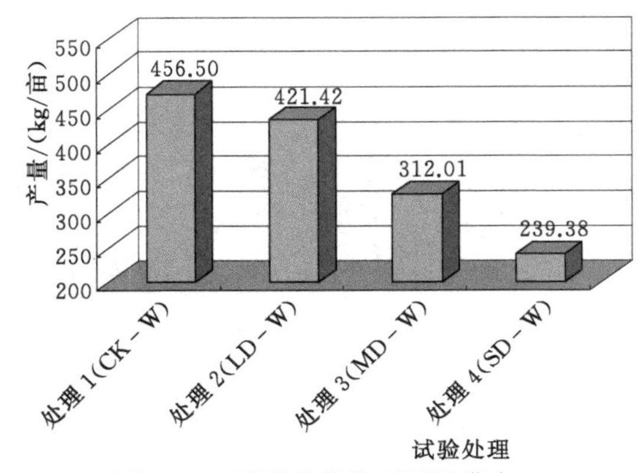

图5.16　无覆盖条件下不同灌水处理冬小麦产量

上述分析结果表明，河套灌区冬小麦在充分灌溉或轻度受旱条件下产量较高，比春小麦产量提高8.0%～18.0%，具有较好的推广前景，可解决该地区春小麦单产较低的现状，大幅提高河套灌区的小麦产量。

图5.17所示为轻度含盐土壤地膜覆盖条件下不同灌水处理冬小麦产量，地膜覆盖条

件下不同灌水处理对冬小麦产量的影响规律与无覆盖条件基本一致；充分灌溉处理冬小麦产量最高达到500.25kg/亩，比现状河套灌区春小麦的平均亩产量390.0kg提高约110.25kg，提高率达到28.27%；轻度受旱冬小麦产量为458.03kg/亩，比现状河套灌区春小麦的平均亩产量390.0kg提高约68.03kg，提高率达到17.44%；中度受旱处理冬小麦产量为380.23kg/亩，减产率较高，比充分灌溉条件下冬小麦的亩产量降低约120.02kg；重度受旱处理冬小麦产量最低为285.76kg/亩，比充分灌溉条件下冬小麦的亩产量降低约214.49kg，减产接近一半。

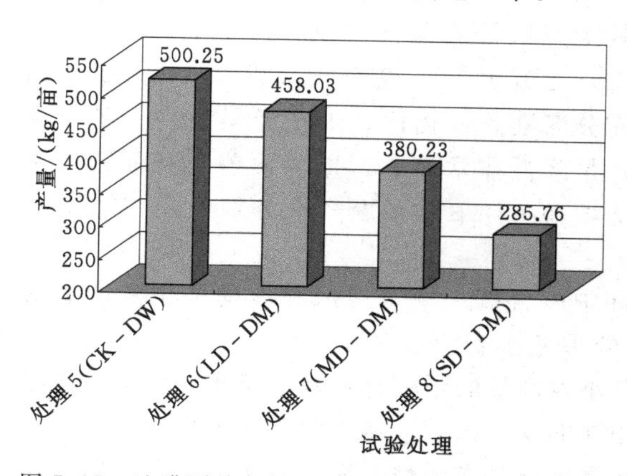

图5.17 地膜覆盖条件下不同灌水处理冬小麦产量

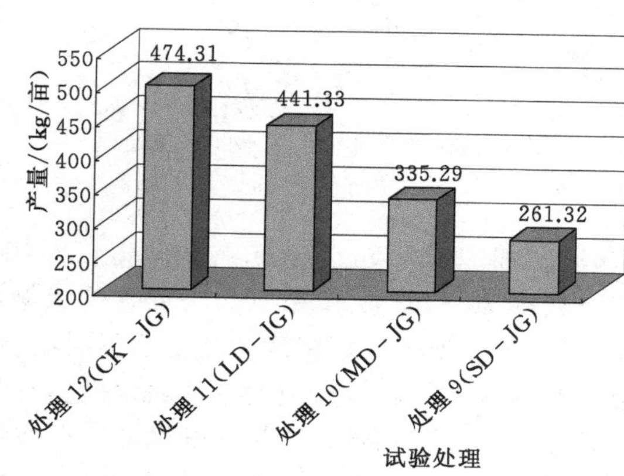

图5.18 秸秆覆盖条件下不同灌水处理冬小麦产量

图5.18所示为轻度含盐土壤秸秆覆盖条件下不同灌水处理冬小麦产量，从图中可以看出，秸秆覆盖条件下不同灌水处理对冬小麦产量的影响规律与无覆盖和地膜覆盖条件基本一致；充分灌溉处理冬小麦产量最高达到474.31kg/亩，比现状河套灌区春小麦的平均亩产量390.0kg提高约84.31kg，提高率达到21.62%；轻度受旱冬小麦产量为441.33kg/亩，比现状河套灌区春小麦的平均亩产量390.0kg提高约51.33kg，提高率达到13.16%；中度受旱处理冬小麦产量较低，为335.29kg/亩，比充分灌溉条件下冬小麦的亩产量降低约139.02kg；重度受旱处理冬小麦产量最低为261.32kg/亩，比充分灌溉条件下冬小麦的亩产量降低约212.99kg。

图5.19所示为轻度含盐土壤充分灌溉条件下不同覆盖处理冬小麦产量对比，对轻度含盐土壤无覆盖充分灌溉处理1（CK－W）、地膜覆盖充分灌溉处理5（CK－DM）和秸秆覆盖充分灌溉处理12（CK－JG）进行冬小麦产量影响分析得出，充分灌溉条件下地膜覆盖冬小麦产量最高，为500.25kg/亩，其次为秸秆覆盖冬小麦，产量为474.31kg/亩；在相同的灌水条件下地膜覆盖和秸秆覆盖均有明显的增产效果，比无覆盖条件下的冬小麦产量分别提高9.58%和3.90%。

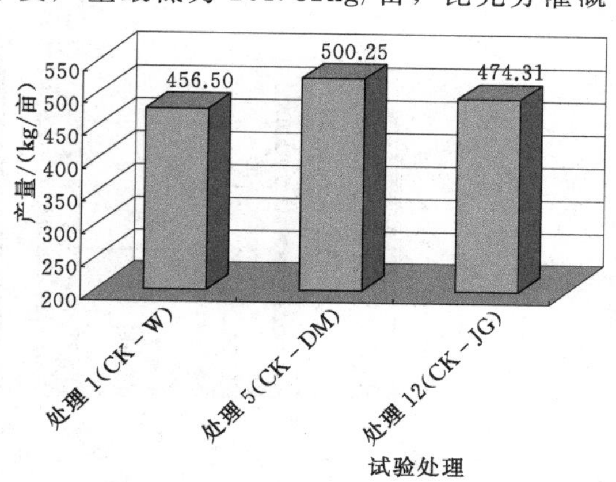

图5.19 充分灌溉条件下不同覆盖处理冬小麦产量

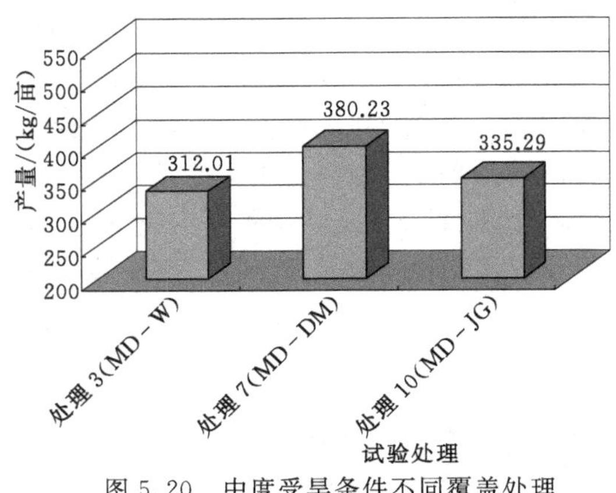

图 5.20　中度受旱条件不同覆盖处理冬小麦产量

图 5.20 所示为轻度含盐土壤冬小麦中度受旱条件下不同覆盖处理产量对比，对轻度含盐土壤无覆盖中度受旱处理 3（MD－W）、地膜覆盖中度受旱处理 7（MD－DM）和秸秆覆盖中度受旱处理 10（MD－JG）进行冬小麦产量影响分析得出，中度受旱条件下地膜覆盖冬小麦产量最高，为 380.23kg/亩，其次为秸秆覆盖冬小麦，产量为 335.29kg/亩，无覆盖冬小麦产量为 312.01kg/亩；与充分灌溉条件相比，中度受旱条件下冬小麦产量降低非常显著，地膜覆盖、秸秆覆盖和无覆盖条件下冬小麦产量分别下降 31.65%、23.99%和 29.31%。

图 5.21 和图 5.22 分别为轻度含盐土壤和中度含盐土壤不同试验处理冬小麦产量对比，图 5.23 所示为轻中度含盐土壤不同试验处理冬小麦产量对比。从图中可以看出，轻度含盐土壤和中度含盐土壤不同灌水处理对冬小麦产量的影响趋势基本相同，均是随着冬小麦受旱程度的加重，产量逐渐降低；但在相同的受旱条件下，中度含盐土壤冬小麦产量下降十分明显，表明冬小麦产量对土壤盐分非常敏感；在无覆盖充分灌溉条件下，中度含盐土壤比轻度含盐土壤冬小麦产量降低约 137.28kg，减产率达到 30.07%；在无覆盖轻度受旱条件下，中度含盐土壤比轻度含盐土壤冬小麦产量降低约 140.71kg，减产率达到 33.39%；在无覆盖中度受旱条件下，中度含盐土壤比轻度含盐土壤冬小麦产量降低约 86.121kg，减产率达到 27.60%；在无覆盖重度受旱条件下，中度含盐土壤比轻度含盐土壤冬小麦产量降低约 57.27kg，减产率达到 23.92%；地膜覆盖和秸秆覆盖不同受旱条件下土壤盐分对冬小麦产量的影响规律与无覆盖一致，中度含盐土壤比轻度含盐土壤冬小麦

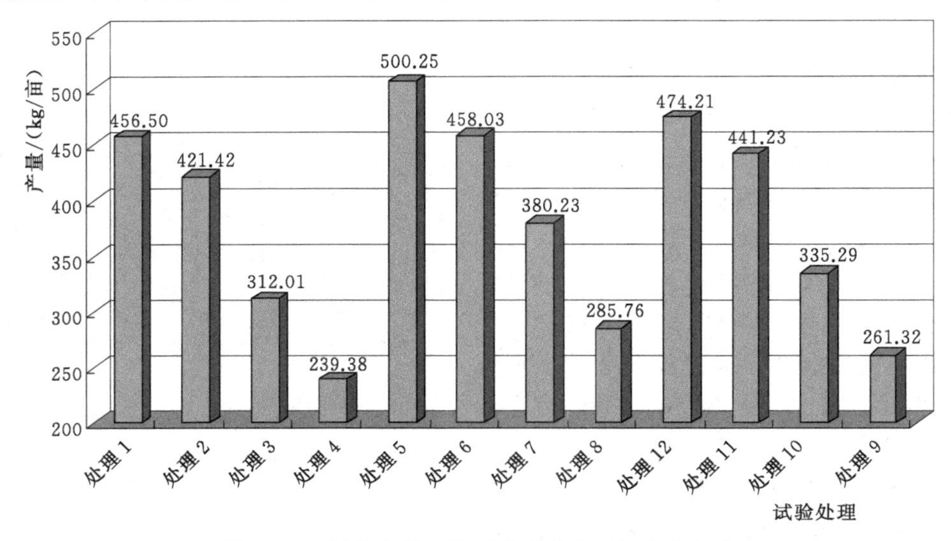

图 5.21　轻度含盐土壤不同试验处理冬小麦产量

减产率均在20.0%～35.0%。

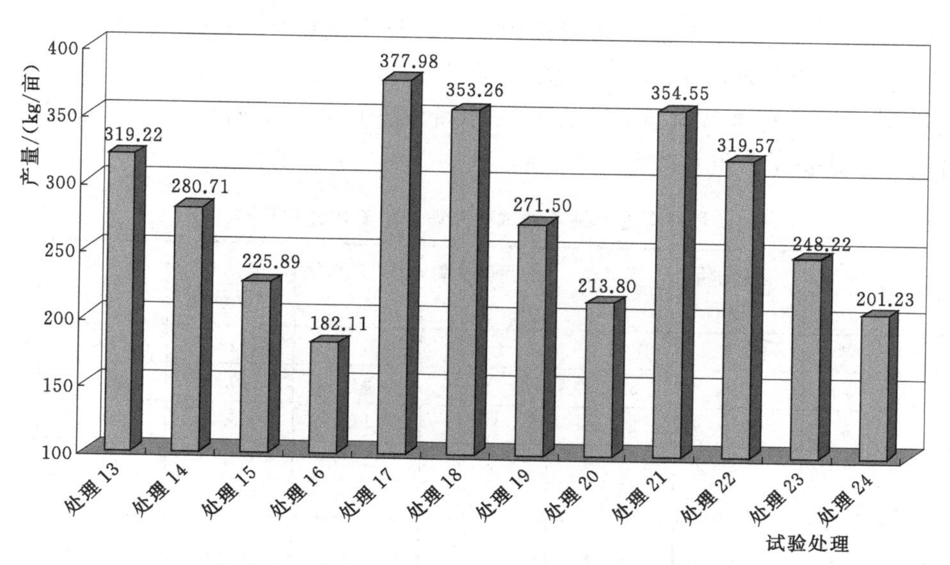

图5.22 中度含盐土壤不同试验处理冬小麦产量

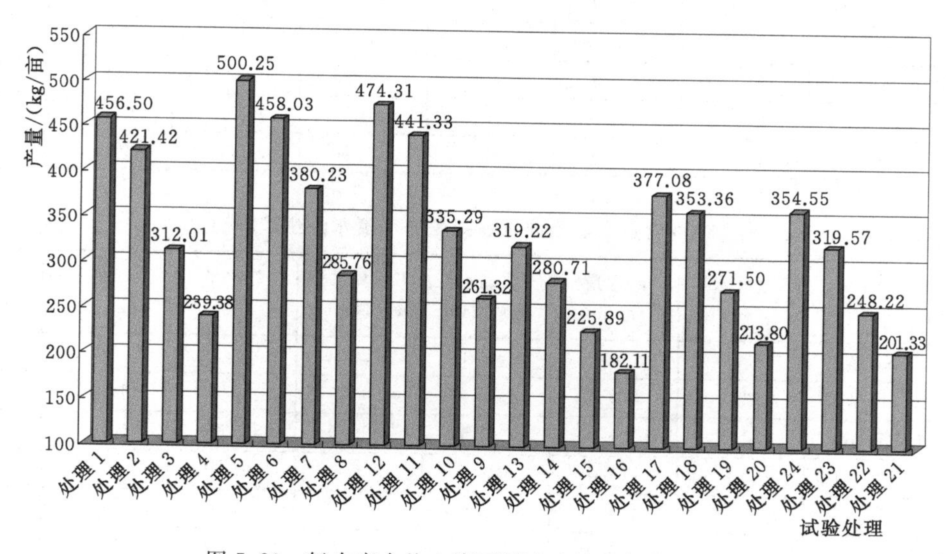

图5.23 轻中度含盐土壤不同试验处理冬小麦产量

5.2.2 不同水热盐条件对冬小麦水分生产率的影响分析

水分生产率指单位水资源量在一定的作物品种和耕作栽培条件下所获得的产量或产值，它是衡量农业生产水平和农业用水科学性与合理性的综合指标。作物水分生产率指作物消耗单位水量的产出，其值等于作物产量与作物净耗水量之比值。作物水分生产率计算公式为

$$W_c = \frac{Y}{I + P - Q - \Delta W} \text{ 或 } W_{Pc} = \frac{Y}{ET} \tag{5.1}$$

式中：W_c 为作物水分生产率，kg/m^3；Y 为作物产量，kg/亩；I 为净灌溉水量，m^3/亩；P 为有效降水量，m^3/亩；ΔW 为相应时段内的土壤储水变化量，mm；Q 为下边界水分通量，m^3/亩；ET 为蒸发蒸腾量，m^3/亩。

根据式（5.1）计算得到 2012—2013 年不同含盐土壤、不同覆盖、不同受旱处理冬小麦水分生产率见表 5.1 和表 5.2。

表 5.1　　轻度含盐土壤不同试验处理冬小麦水分生产率

处　理	有效降水量/mm	灌水量/mm	土壤储水变化量/mm	下边界水分通量/mm	耗水量/mm	产量/(kg/亩)	水分生产率/(kg/m³)
处理 1（CK－W）	83.0	450.0	－11.1	1.50	529.70	456.5	1.29
处理 2（LD－W）	83.0	375.0	－10.6	－23.42	470.66	421.4	1.34
处理 3（MD－W）	83.0	300.0	8.2	－11.75	395.95	312.0	1.18
处理 4（SD－W）	83.0	225.0	－5.5	－17.75	322.58	239.4	1.11
处理 5（CK－DM）	83.0	450.0	4.2	1.86	523.64	500.3	1.43
处理 6（LD－DM）	83.0	375.0	17.1	－13.50	471.50	458.0	1.46
处理 7（MD－DM）	83.0	300.0	－1.4	－9.13	392.13	380.2	1.45
处理 8（SD－DM）	83.0	225.0	1.8	－4.80	312.80	285.8	1.37
处理 12（CK－JG）	83.0	450.0	10.8	－8.46	541.46	474.3	1.31
处理 11（LD－JG）	83.0	375.0	－1.20	－5.99	463.99	441.3	1.43
处理 10（MD－JG）	83.0	300.0	3.17	－21.35	404.35	335.3	1.24
处理 9（SD－JG）	83.0	225.0	7.50	－8.40	316.40	261.3	1.24

表 5.2　　中度含盐土壤不同试验处理冬小麦水分生产率

处　理	有效降水量/mm	灌水量/mm	土壤储水变化量/mm	下边界水分通量/mm	耗水量/mm	产量/(kg/亩)	水分生产率/(kg/m³)
处理 1（CK－W）	83.0	450.0	－7.4	2.9	528.25	319.2	0.91
处理 2（LD－W）	83.0	375.0	－11.4	－11.3	457.86	280.7	0.92
处理 3（MD－W）	83.0	300.0	－6.0	－11.0	399.30	225.9	0.85
处理 4（SD－W）	83.0	225.0	2.4	－5.6	307.63	182.1	0.89
处理 5（CK－DM）	83.0	450.0	－6.8	6.1	524.30	377.1	1.08
处理 6（LD－DM）	83.0	375.0	10.2	－7.7	465.70	353.4	1.14
处理 7（MD－DM）	83.0	300.0	－2.0	－1.2	384.20	271.5	1.06
处理 8（SD－DM）	83.0	225.0	1.9	2.8	305.20	213.8	1.05
处理 12（CK－JG）	83.0	450.0	11.4	－2.0	535.00	354.5	0.99
处理 11（LD－JG）	83.0	375.0	－5.3	4.1	453.90	319.6	1.06
处理 10（MD－JG）	83.0	300.0	6.0	－10.6	393.55	248.2	0.95
处理 9（SD－JG）	83.0	225.0	2.6	－9.1	317.10	201.3	0.95

根据 2012—2013 年冬小麦田间试验资料，对轻度含盐土壤无覆盖充分灌溉处理 1（CK－W）、无覆盖轻度受旱处理 2（LD－W）、无覆盖中度受旱处理 3（MD－W）和无

覆盖重度受旱处理 4（SD-W）进行冬小麦水分生产率分析。图 5.24 所示为轻度含盐土壤不同试验处理冬小麦耗水量，充分灌溉条件下无覆盖、地膜覆盖和秸秆覆盖处理冬小麦耗水量分别为 529.70mm、523.64mm、541.46mm，其平均值为 531.6mm，其值基本上可作为轻度含盐土壤条件冬小麦的需水量。

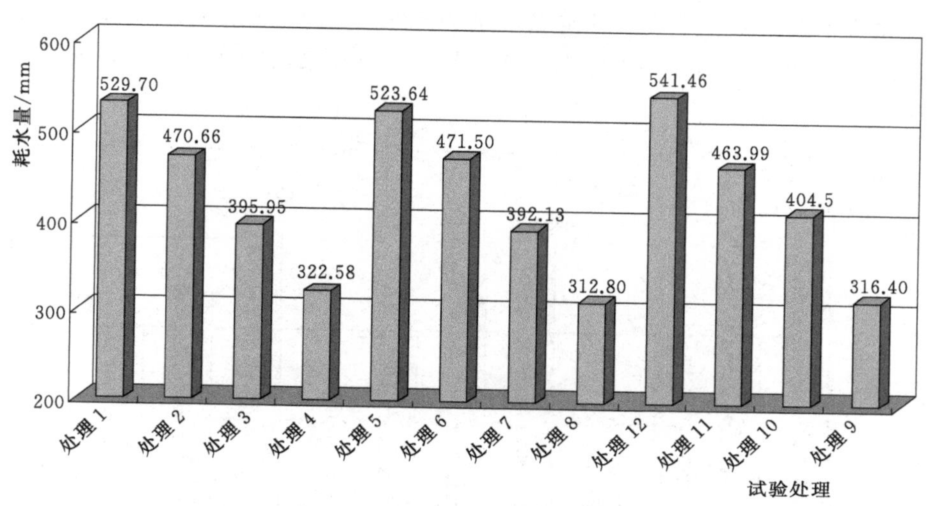

图 5.24 轻度含盐土壤不同试验处理冬小麦耗水量

图 5.25 所示为轻度含盐土壤不同试验处理冬小麦水分生产率。从图中可以看出，无覆盖条件下中度受旱处理冬小麦水分生产率最高，为 1.34kg/m^3，比现状河套灌区春小麦的水分生产率 1.28kg/m^3 稍微偏高 0.06kg/m^3；充分灌溉冬小麦水分生产率为 1.29kg/m^3，基本与现状河套灌区春小麦的水分生产率相同；中度受旱处理冬小麦水分生产率较低，为 1.18kg/m^3，下降率较高，比中度受旱条件下冬小麦水分生产率降低约 0.16kg/m^3，比现状河套灌区春小麦的平均水分生产率降低约 0.10kg/m^3；重度受旱处理冬小麦水分生产率最低，为 1.11kg/m^3，比中度受旱条件下冬小麦的水分生产率降低约 0.23kg/m^3。

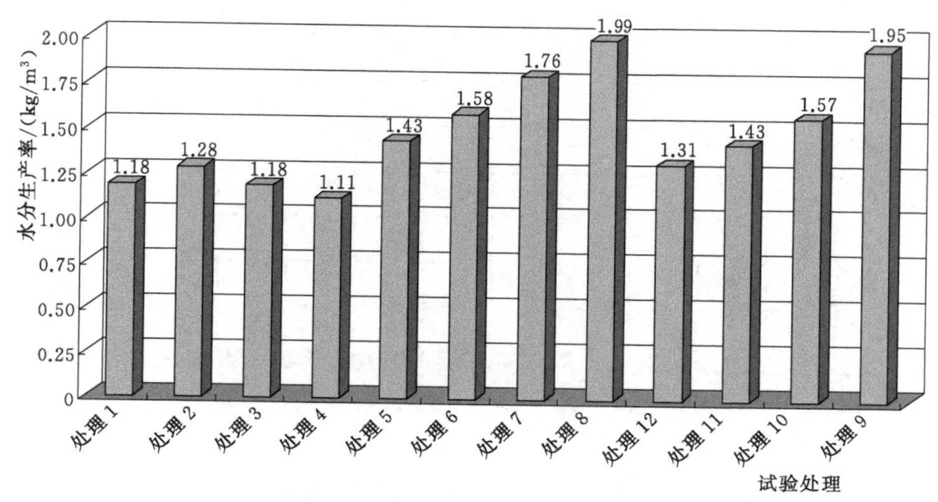

图 5.25 轻度含盐土壤不同试验处理冬小麦水分生产率

上述分析结果表明，河套灌区冬小麦在轻度受旱条件下水分生产率较高，比春小麦水分生产率提高约 0.06kg/m³，冬小麦种植对于提高河套灌区作物的水分生产率具有一定的作用。

图 5.26 所示为中度含盐土壤不同试验处理冬小麦耗水量，充分灌溉条件下无覆盖、地膜覆盖和秸秆覆盖处理冬小麦耗水量分别为 528.25mm、524.30mm、535.00mm，其平均值为 529.2mm，其值基本可作为中度含盐土壤冬小麦的需水量，与轻度含盐土壤冬小麦的需水量基本相同。

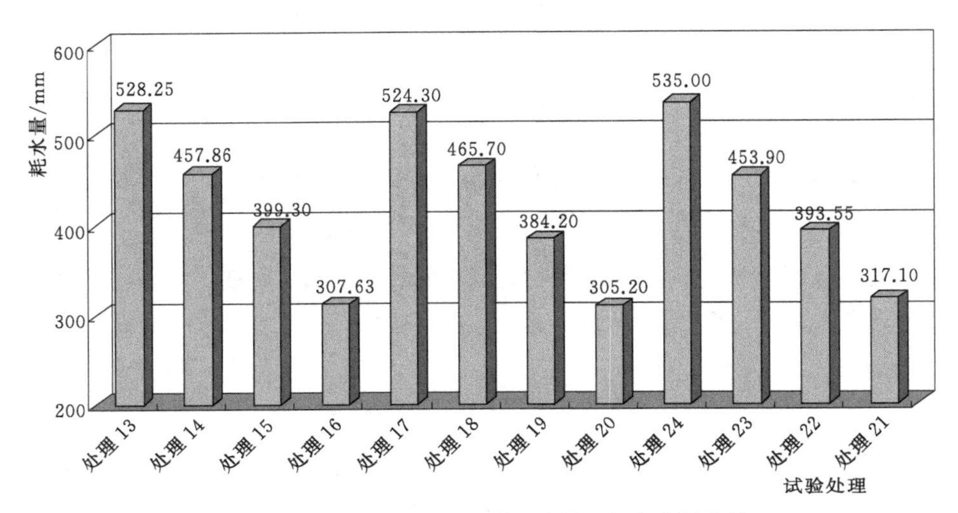

图 5.26　中度含盐土壤不同试验处理冬小麦耗水量

图 5.27 所示为中度含盐土壤不同试验处理冬小麦水分生产率。从图中可以看出，无覆盖条件下中度受旱处理冬小麦水分生产率最高，为 0.92kg/m³，比现状河套灌区春小麦的水分生产率 1.28kg/m³ 明显偏低，说明在中度含盐土壤中种植冬小麦会大大降低水分利用效率；充分灌溉冬小麦水分生产率为 0.91kg/m³，与轻度受旱处理冬小麦水分生产率

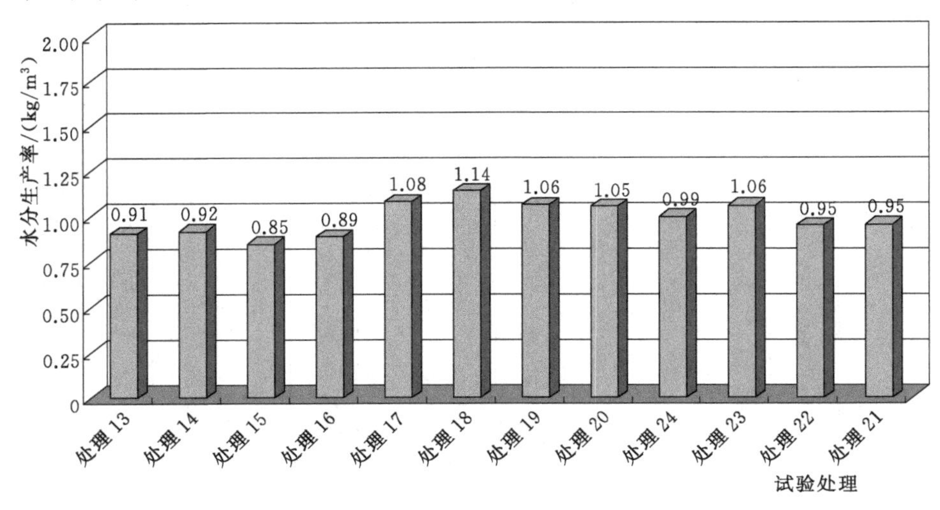

图 5.27　中度含盐土壤不同试验处理冬小麦水分生产率

基本相同；中度和重度受旱处理冬小麦水分生产率均较低，分别为 0.85kg/m³ 和 0.89kg/m³，下降率较高。

图 5.28 所示为轻中度含盐土壤不同试验处理冬小麦水分生产率对比。从图中可以看出，轻度含盐土壤和中度含盐土壤不同灌水处理对冬小麦水分生产率的影响趋势基本相同，均是随着冬小麦受旱程度的加重，水分生产率逐渐降低；但在相同的受旱条件下，中度含盐土壤冬小麦水分生产率下降十分明显，表明冬小麦水分生产率对土壤盐分非常敏感，这与盐分对冬小麦产量的影响情况相类似。

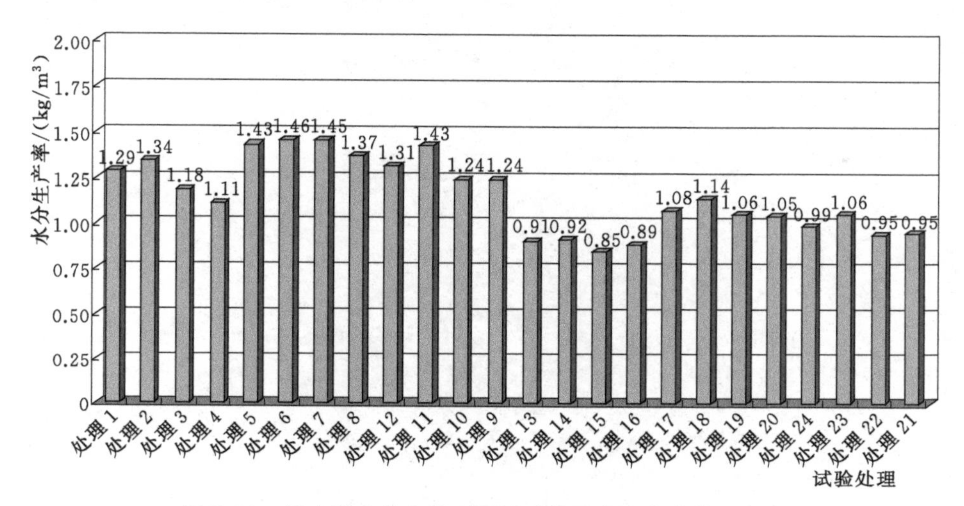

图 5.28 轻中度含盐土壤不同试验处理冬小麦水分生产率

在无覆盖充分灌溉条件下，中度含盐土壤比轻度含盐土壤冬小麦水分生产率降低约 0.39kg/m³，下降约 29.88%；在无覆盖轻度受旱条件下，中度含盐土壤比轻度含盐土壤冬小麦水分生产率降低约 0.42kg/m³，减产率达到 31.53%；在无覆盖中度受旱条件下，中度含盐土壤比轻度含盐土壤冬小麦水分生产率降低约 0.33kg/m³，下降约 28.21%；在无覆盖重度受旱条件下，中度含盐土壤比轻度含盐土壤冬小麦水分生产率降低约 0.23kg/m³，下降约 20.23%；地膜覆盖和秸秆覆盖不同受旱条件下土壤盐分对冬小麦水分生产率的影响规律与无覆盖一致，中度含盐土壤比轻度含盐土壤冬小麦水分生产率下降均在 20.0%～32.0%内。

5.3 小结

（1）河套灌区冬小麦在充分灌溉或轻度受旱条件下产量较高，比春小麦产量提高 8.0%～18.0%，具有较好的推广前景，可解决该地区春小麦单产较低的现状，大幅提高河套灌区的小麦产量。

（2）与充分灌溉条件相比，轻度受旱对冬小麦产量影响较小，而中度受旱条件下冬小麦产量降低非常显著，不同覆盖处理条件下冬小麦的减产率均在 20.0%～35.0%内。

（3）地膜覆盖和秸秆覆盖不同受旱条件下土壤盐分对冬小麦产量的影响规律与无覆盖

一致，中度含盐土壤比轻度含盐土壤冬小麦减产率均为20.0%～35.0%。

(4) 研究区轻度含盐土壤和中度含盐土壤不同覆盖处理冬小麦耗水量均在530mm左右，其值基本可作为冬小麦的需水量。

(5) 河套灌区冬小麦在轻度受旱条件下水分生产率相对较高，比春小麦水分生产率提高约0.06kg/m^3，冬小麦种植对于提高河套灌区作物的水分生产率具有一定的作用。

(6) 地膜覆盖和秸秆覆盖不同受旱条件下土壤盐分对冬小麦水分生产率的影响规律与无覆盖一致，中度含盐土壤比轻度含盐土壤冬小麦水分生产率下降均为20.0%～32.0%。

第6章　冬小麦优化灌溉管理模式研究

6.1　不同盐渍化条件下考虑土壤冻融的优化灌溉制度研究

对灌溉制度进行优化设计可以有效地提高水分利用效率及作物产量，在盐渍化程度一定的条件下，土壤中的水、热分布状况主要取决于灌溉制度及田间所采取的管理措施。制定作物灌溉制度不仅要考虑补充根系层土壤水分以满足作物的需水要求，还应考虑土壤盐渍化和冻融期土壤温度对灌水量的限制。本书研究灌溉制度时考虑不同含盐土壤条件及冻融期土壤温度，引入模拟灌溉制度的ISAREG模型，结合田间灌溉试验，在验证模型和参数率定的基础上模拟适合当地条件的优化灌溉制度。

6.1.1　考虑盐分胁迫的灌溉制度模型

1. 模型的原理

本书采用的灌溉制度模拟模型为ISAREG模型。该模型可同时考虑水分和盐分胁迫对作物产量的影响，对制定不同盐渍化土壤条件下的优化灌溉制度有指导作用。ISAREG模型的主要功能是模拟农田土壤水分的变化，从而评价给定的灌溉制度，计算作物需水量和灌溉需水量，也可通过不同灌水方案的模拟对比，制定优化灌溉制度。该模型考虑了：①作物根系吸水深度的变化；②非均质土层的影响；③不同深度地下水位的影响；④作物受旱时土壤供水能力对腾发量的影响；⑤作物盐分胁迫对产量的影响。

ISAREG模型以水量平衡原理为基础，采用的水量平衡方程为

$$\theta_i = \theta_{i-1} + \frac{P_i + I_{ni} - ET_{ai} - DP_i + GW_i}{1000 z_{ri}} \tag{6.1}$$

式中：θ_i、θ_{i-1} 为第 i、$i-1$ 天根系层的土壤含水率，%；P_i 为第 i 天的有效降雨量，mm；I_{ni} 为第 i 天的净灌水量，mm；ET_{ai} 为第 i 天的作物实际腾发量，mm；DP_i 为第 i 天的深层渗漏量，mm；GW_i 为第 i 天的地下水补给量，mm；z_{ri} 为第 i 天的根系层深度，m。

2. 模型数据结构

ISAREG模型的主要输入数据分为以下7类。

1）气象数据包括有效降雨量 P_e、参考作物腾发量 ET_0、最高气温 T_{max}、最低气温 T_{min}、最高相对湿度 RH_{max}、最低相对湿度 RH_{min}、太阳辐射 R_a、日照时数 h 和风速 s 等。

2）作物数据包括作物类型、作物生育期、计划湿润层深度、实效水可利用系数 p、作物系数 K_c、产量反应系数 K_y 等。

3）土壤数据包括土壤类型、每层的土壤深度 d、土壤总有效储水率 $TAW\%$、田间持水率 $FC\%$、凋萎点 $WP\%$等。

4）地下水数据包括地下水补给量 GW 和深层渗漏量 DP。

5）灌溉数据根据不同的模拟类型输入初始土壤储水率、灌水日期、灌水定额和灌水达到的土壤含水率范围以及各种灌水的各种约束条件等。

6）水量数据包括各生育阶段的最小灌水时间间隔和可供水量等。

7）验证数据实测田间含水率。

模型的输出数据根据模拟输入选项的差异有不同的输出结果，主要包括灌溉定额、灌水定额、灌水时间、灌水次数、深层渗漏量、水分利用效率、最大腾发量、实际腾发量、水分胁迫时的减产率、盐分胁迫时的减产率、模拟含水率与田间数据的对比等。

ISAREG模型的数据输入和结果输出结构如图6.1所示。

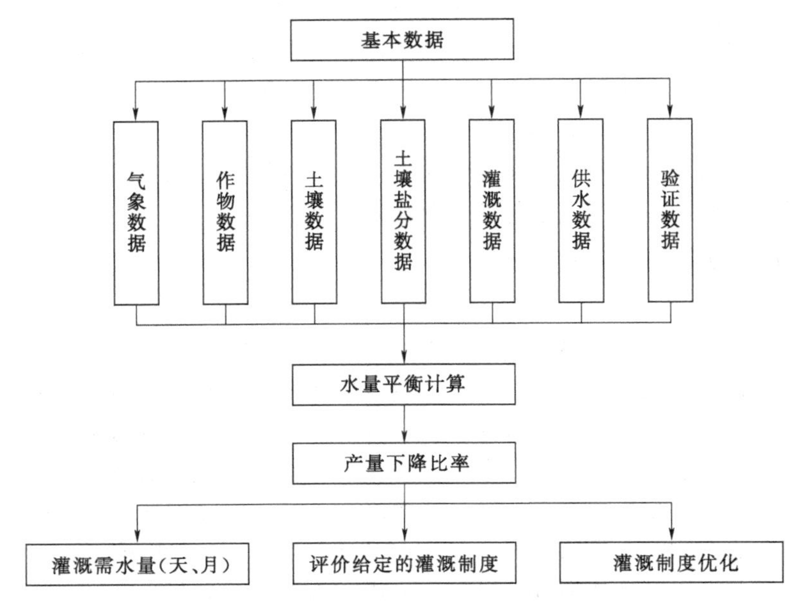

图6.1　ISAREG模型输入输出数据框图

3. 气象数据

气象数据包括有效降雨量 p_e、参考作物腾发量 ET_0、最高气温 T_{max}、最低气温 T_{min}、最高相对湿度 RH_{max}、最低相对湿度 RH_{min}、太阳辐射 R_a、日照时数 h 和风速 s 等。有效降雨量 P_e 计算方法为

$$P_e = \alpha P \tag{6.2}$$

式中：α 为有效降雨系数；P 为实际降雨量，mm；P_e 为有效降雨量，mm。当 $P<3$mm时，$\alpha=0$；当 $P=3\sim50$mm时，$\alpha=1.0$；当 $P>50$mm时，$\alpha=0.8$。

参考作物腾发量 ET_0 是ISAREG模型中的重要参数，由于该模型组合了 ET_0 的计算程序，既可以将计算好的 ET_0 值直接导入模型，也可以根据ISAREG模型中的Evap56计算 ET_0。

4. 作物数据

作物数据包括作物类型、作物生育期、根系层深度、实效水可利用系数 p、作物系数 K_c 和产量反应系数 K_y 等，对实效水可利用系数 p、作物系数 K_c 和产量反应系数 K_y

等关键参数进行计算。

(1) 实效水可利用系数 p 。实效水可利用系数 p 为土壤实效含水量与总有效含水量的比值，即

$$p=\frac{RAW}{TAW} \tag{6.3}$$

式中：p 为实效水可利用系数；RAW 为土壤的实效含水量，%，即作物在没有发生水分胁迫现象之前从根系层中吸收的总有效水量的那一部分易吸收的有效水量；TAW 为土壤的总有效含水量，%，即田间持水量与凋萎含水量的差，有

$$TAW=1000(\theta_{FC}-\theta_{WP})z_r \tag{6.4}$$

式中：θ_{FC} 为田间持水率，%；θ_{WP} 为凋萎点含水率，%；z_r 为根系层深度，m。

实效水可利用系数 p 是由土壤性质和作物种类决定的，并随作生长阶段的发展而变化，一般认为 p 的变化在 30%～70%之间，冬小麦的变化范围为 50%～70%。

p 是反映大气蒸发能力的函数。蒸散发率低时，p 值大；蒸散发率高时，p 值小，因为在干燥炎热的气候条件下，需水量 ET_c 很高，往往在土壤仍很湿润的情况下作物就出现了水分胁迫现象，这时 p 的取值范围是 10%～25%，当作物需水量很低时，p 值就会上升 20%，通常作物生长的每个具体阶段 p 值是一个常数，而不是每天都在变化。FAO - 56 推荐根据需水量 ET_c 对 p 值进行修正，p 的修正式为

$$p=p_{推荐}+0.04(5-ET_c) \tag{6.5}$$

式中：$p_{推荐}$ 为实效水可利用系数的推荐值；ET_c 为需水量，mm/d。

(2) 作物系数 K_c。作物系数采用 FAO 推荐的分段单值平均法求解，根据 FAO - 56 给出标准条件下不同生育阶段的作物系数，结合当地气候、土壤条件调整各生育阶段的作物系数。首先调整初始生长期的作物系数 K_{cini}，在作物初始生长期，土面蒸发占总腾发量的比例较大，因此计算时必须考虑土面的影响。影响因素主要是土壤结构及灌溉或降雨的平均间隔。计算公式为

$$\text{当 } t_w\leqslant t_1 \text{ 时，} K_{cini}=\frac{E_{so}}{ET_0} \tag{6.6}$$

$$\text{当 } t_w>t_1 \text{ 时，} K_{cini}=\frac{TEW-(TEW-REW)\exp\left[\dfrac{-(t_w-t_1)E_{so}\left(1+\dfrac{REW}{TEW-REW}\right)}{TEW}\right]}{t_wET_0} \tag{6.7}$$

式中：E_{so} 为潜在蒸发率，mm/d；t_w 为灌溉或降雨的平均间隔天数；t_1 为大气蒸发力控制阶段的天数，$t_1=REW/E_{so}$；REW 为在大气蒸发力控制阶段蒸发的水量，mm，主要跟土壤结构有关，计算公式为

$$REW=20-0.15S_a \quad (S_a>80\%) \tag{6.8}$$

$$REW=11-0.06CL \quad (CL>50\%) \tag{6.9}$$

$$REW=8+0.08CL \quad (S_a<80\% \text{ 且 } CL<50\%) \tag{6.10}$$

式中：S_a、CL 分别为蒸发层土壤中沙粒和黏粒的含量，%；TEW 为一次降雨或灌溉后总计蒸发的水量，mm；计算公式为

$$TEW = Z_e(\theta_{FC} - 0.5\theta_{WP}) \quad (ET_0 \geqslant 5\text{mm/d}) \tag{6.11}$$

$$TEW = Z_e(\theta_{FC} - 0.5\theta_{WP})(ET_0/5)^{1/2} \quad (ET_0 < 5\text{mm/d}) \tag{6.12}$$

式中：Z_e 为土壤蒸发层深度，为 100～150mm。

根据当地气候条件调节 K_{cmid} 和 K_{cend}，计算公式为

$$K_{cmid} = K_{cmid(Tab)} + [0.04(u_2 - 2) - 0.004(RH_{min} - 45)](h/3)^{0.3} \tag{6.13}$$

$$K_{cend} = K_{cend(Tab)} + [0.04(u_2 - 2) - 0.004(RH_{min} - 45)](h/3)^{0.3} K_{cend(Tab)} \geqslant 0.4 \tag{6.14}$$

$$K_{cend} = K_{cend(Tab)} \quad (K_{cend(Tab)} < 0.45) \tag{6.15}$$

式中：u_2 为该生育阶段内 2.0m 高度处的日平均风速，m/s；RH_{min} 为该生育阶段内最低相对湿度的平均值，%；h 为该生育阶段内作物的平均高度，m。

（3）产量反应系数 K_y。单一作物的产量反应系数 K_y 采用以下公式形式，即

$$K_y = \frac{1 - \dfrac{Y_a}{Y_m}}{1 - \dfrac{ET_a}{ET_m}} \tag{6.16}$$

式中：Y_a 为作物实际产量，kg/hm^2；Y_m 为作物最大产量，kg/hm^2；ET_a 为作物实际腾发量，mm；ET_m 为作物最大腾发量，mm；其他符号意义同前。不同的作物有不同的产量反应系数，模拟时采用的初始值为上述水分生产函数的产量反应系数，K_y 为 FAO 推荐值，模拟时对不同作物的产量反应系数进行修正。

5. 土壤数据

土壤数据包括每层的土壤深度 d、土壤类型、土壤的黏粒含量、砂粒含量、总有效含水量 TAW、田间持水量 FC、凋萎点 WP、大气蒸发力控制阶段蒸发的水量 REW、降雨或灌溉后总计蒸发的水量 TEW 等；根据已知条件可以选定 3 种不同的方案进行数据输入，详见表 6.1。

表 6.1　　不同方案土壤数据输入选项

方案设置	输入数据选项
方案 1	每层的土壤深度 d、土壤类型、TAW、REW、TEW
方案 2	每层的土壤深度 d、土壤类型、FC、WP、REW、TEW
方案 3	每层的土壤深度 d、土壤类型、FC、WP、黏粒含量、沙粒含量

6. 地下水数据

地下水数据包括地下水补给量 GW 和深层渗漏量 DP。地下水通过土壤毛细管上升到根系层的水量称为地下水补给量 GW，地下水向根系层补给水量的大小与土壤性质、地下水埋深和根系层的含水量有关。将与土壤特性有关的各项参数和测定的地下水埋深、根系层深度、叶面积指数、腾发量和对应的测定日期输入模型，进行地下水补给量的计算。

模型中不同情况下地下水补给量的计算分别采用以下公式，即

$$GW = GW_{max}(D_w, ET_m) \quad (W < W_s) \tag{6.17}$$

$$GW = GW_{max}(D_w, ET_m)\left(\frac{W_c - W}{W_c - W_s}\right) \quad (W_s < W < W_c) \tag{6.18}$$

$$GW = 0 \quad (W > W_c) \tag{6.19}$$

式中：GW 为实际地下水补给量，mm/d；GW_{max} 为地下水最大补给量，mm/d；D_w 为实际地下水埋深，m；ET_m 为最大腾发量，mm/d；W 为土壤实际储水量，mm/m；W_s 为土壤凋萎储水量，mm/m；W_c 为土壤临界储水量，mm/m。

地下水最大补给量分别采用的计算公式为

$$GW_{max} = kET_m \quad (D_w < D_{wc}) \tag{6.20}$$

$$GW_{max} = a_4 D_w - b_4 \quad (D_w > D_{wc}) \tag{6.21}$$

式中对于粉土和粉壤土 a_4 的取值为 4.6，b_4 为 −0.65，k 值采用以下公式计算，即

$$k = 1 - e^{-0.6} \quad (ET_m \leqslant 4\text{mm/d}) \tag{6.22}$$

$$k = \frac{38}{ET_m} \quad (ET_m > 4\text{mm/d}) \tag{6.23}$$

地下水埋深的临界值采用的计算公式为

$$D_{wc} = a_3 ET_m + b_3 \quad (ET_m \leqslant 4\text{mm/d}) \tag{6.24}$$

$$D_{wc} = 1.4 \quad (ET_m > 4\text{mm/d}) \tag{6.25}$$

式中对于粉土和粉壤土 a_3 的取值为 −1.3，b_3 为 6.8。

土壤临界储水量采用式（6.26）计算，即

$$W_c = a_1 D_w^{-b_1} \tag{6.26}$$

式中：a_1 的取值为 1.0m 深土层的田间持水量，mm；对于粉土和粉壤土，b_1 的取值为 −0.17。

土壤凋萎储水量采用的计算公式为

$$W_s = a_2 D_w^{b_2} \quad (D_w \leqslant 3\text{m}) \tag{6.27}$$

$$W_s = 240\text{mm} \quad (D_w > 3\text{m}) \tag{6.28}$$

式中对于粉土和粉壤土 b_2 的取值为 −0.27；a_2 的取值为

$$a_2 = \frac{1.1(W_{FC} + W_{WP})}{2} \tag{6.29}$$

在大的降雨和灌溉之后，当根系层的含水量超过田间持水率时，就会发生深层渗漏。模型中深层渗漏量 DP 采用以下公式计算，即

$$DP = aT^b \tag{6.30}$$

式中：a 和 b 的大小取决于土壤性质，同种类型的土壤 a 和 b 均为恒值，其中 a 值介于田间持水量和饱和含水量之间，一般取中间值，对于砂性土壤 b 值略小于 −0.017，黏性土壤 b 值略大于 −0.017；T 为大的降雨和灌溉后土壤含水率降至田间持水量所需的时间，d。

7. 土壤盐分数据

根据模型的输入项，对应输入冬小麦各生育期的土壤盐分数据，同时在模拟时考虑含盐土壤灌溉时的淋洗盐分灌水量。

8. 灌溉数据

灌溉数据对不同的模拟类型输入初始土壤储水率、灌水日期、灌水定额和灌水达到的土壤含水率范围以及各种灌水的各种约束条件等；根据已知条件可以选定 5 种不同的方案

进行数据输入。

第 1 种方案以产量最大为目标；第 2 种方案设定不同生育期的亏缺比率和灌水定额；第 3 种方案设定不同的灌水日期和灌水定额；第 4 种方案不进行灌溉，只利用降雨；第 5 种方案仅计算净灌溉需水量。其中第 1、4、5 种方案只需输入初始期的土壤总有效含水量 TAW；第 3 种方案需要输入初始期的土壤总有效含水量 TAW 以及给定的灌水日期和灌水定额等。

对于第 2 种方案，首先要输入初始期的土壤总有效含水量 TAW，其次对不同生育期进行 4 个子方案的选定和设置，分别为设置不同生育期的实际腾发量 ET_a 和最大腾发量 ET_m 的比率、总有效含水量 TAW 的亏缺比率、允许亏缺的（$MAD<p$）实效水可利用系数 p 的百分率和水分不亏缺（$MAD=p$）的数据，最后输入设定的灌水定额，该灌水定额既可以为土壤总有效含水量 TAW 的百分率，也可以设定固定的灌水深度，还可以设定灌至田间持水率不同百分率的水量。

9. 水量数据

水量数据为最小灌水时间间隔和可供水量等，供水量约束的控制方式分为两种：一是设定灌水时间间隔来控制灌水次数，以达到控制灌水量的目的；二是设置不同时期的可供水量。

10. 验证数据

验证数据为田间实测土壤含水率，将每隔 7 天测定的土壤含水率输入模型，将模拟土壤含水率数据与此进行对比，以验证模拟的准确性。

6.1.2　灌溉制度模型参数验证

分别对 2012—2013 年度轻度含盐土壤充分灌溉和中度受旱处理、中度含盐土壤充分灌溉和中度受旱处理的实际灌溉制度进行参数验证。输入冬小麦灌溉制度设计所需要的土壤、气象和灌水等基础数据；灌溉数据为各处理的实际灌水日期、灌水次数、灌水定额和灌溉定额，轻度含盐土壤两个处理实际灌溉制度见表 6.2，中度含盐土壤两个处理实际灌溉制度见表 6.3。

表 6.2　冬小麦轻度含盐土壤两个处理实际灌溉制度

灌水次数	处理 1			处理 3		
	灌水日期/(年-月-日)	灌水定额/mm	灌溉定额/mm	灌水日期/(年-月-日)	灌水定额/mm	灌溉定额/mm
1	2012-09-28	90		2012-09-28	60	
2	2013-03-15	90		2013-03-15	60	
3	2013-04-11	90	450	2013-04-11	60	300
4	2013-05-20	90		2013-05-20	60	
5	2013-06-08	90		2013-06-08	60	

表 6.3　冬小麦中度含盐土壤两个处理实际灌溉制度

灌水次数	处理 13			处理 15		
	灌水日期/(年-月-日)	灌水定额/mm	灌溉定额/mm	灌水日期/(年-月-日)	灌水定额/mm	灌溉定额/mm
1	2012-09-28	90		2012-09-28	60	
2	2013-03-15	90		2013-03-15	60	
3	2013-04-11	90	450	2013-04-11	60	300
4	2013-05-20	90		2013-05-20	60	
5	2013-06-08	90		2013-06-08	60	

小麦各生育阶段的根系层深度和实效水可利用系数 p 见表 6.4，根据修正公式，4 个试验处理的实效水可利用系数基本相同；由于 4 块试验田的气象数据和土壤条件相同，因此 4 个处理小麦各生育期的作物系数也相同，根据小麦作物系数的计算步骤得到修正后小麦生育初期的作物系数为 0.29，生育中期的作物系数为 1.07，生育后期的作物系数为 0.38；采用 FAO 推荐的小麦产量反应系数 1.05；土壤含水率采用 TDR 观测，并用该数据进行水量平衡验证。

上述对小麦实效水可利用系数、根系层深度、作物各生育阶段作物系数和产量反应系数的修正过程即为对模型参数的率定过程，当模拟的土壤含水率值与实测值均能基本吻合，相对误差均在 10%以内并且平均误差在 5.0%以下时，认为可以采用该模型的各项参数对小麦灌溉制度进行评价和优化。

表 6.4　小麦不同日期根系层深度和实效水可利用系数

日　期/(年-月-日)	计划湿润层深度/m	实效水可利用系数 p
2012-10-03	0.30	0.62
2013-03-05	0.40	0.65
2013-04-10	0.40	0.65
2013-05-18	0.50	0.63
2013-06-15	0.50	0.63

根系层土壤平均含水量可处于 3 个不同区域：过量含水区，$\theta_s \geqslant \theta > \theta_{FC}$，此时由于有重力排水，土壤含水量不能为作物即时利用，但部分可作为深层储水为作物后期所利用；实效含水量区，$\theta_{FC} \geqslant \theta \geqslant \theta_{OYT}$，该区的土壤含水量可为作物即时利用，且能使作物保持最大腾发量；水分亏缺区，$\theta_{OYT} > \theta \geqslant \theta_{WP}$，此时作物因受旱而不能达到最大腾发量，使作物产量下降。

根据本书第 3 章冻结期土壤入渗特性分析成果，冻结土壤水分的入渗率远小于未冻结土壤水分的入渗率，在土壤冻结过程中，入渗率随冻层的增大而减小；在灌溉制度模拟时结合冻融期的土壤入渗特性，在冻结期和融解期确定灌水定额时考虑冻融对土壤水分入渗率的影响。

图 6.2 和图 6.3 分别为 2012—2013 年冬小麦轻度含盐土壤处理 1 和处理 3 土壤含水率动态模拟结果与实测值的对比。模拟结果显示两个试验处理的土壤含水率模拟值与观测值相对误差均在 10%以内，平均误差为 3.2%，模拟效果较好。通过整体对比分析，结果证明两个试验处理选用的模型和确定的参数均达到较令人满意的精度，可用这一模型和这些参数评价现行灌溉制度，制定优化灌溉制度，指导灌溉制度的改进。

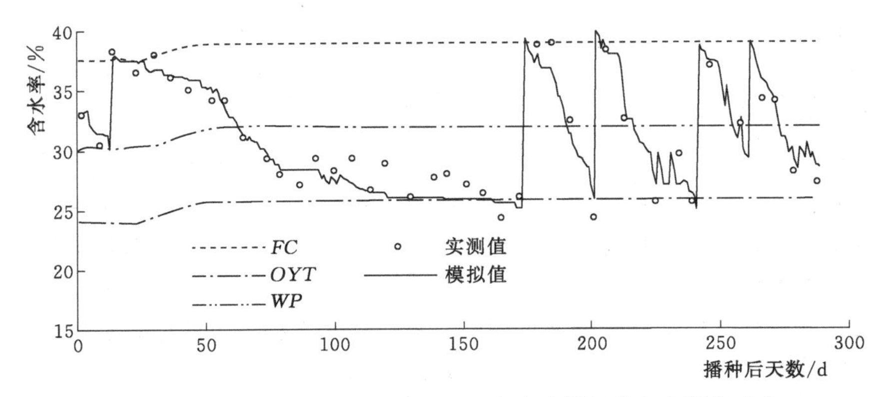

图 6.2　冬小麦轻度含盐土壤处理 1 含水率模拟值与实测值对比

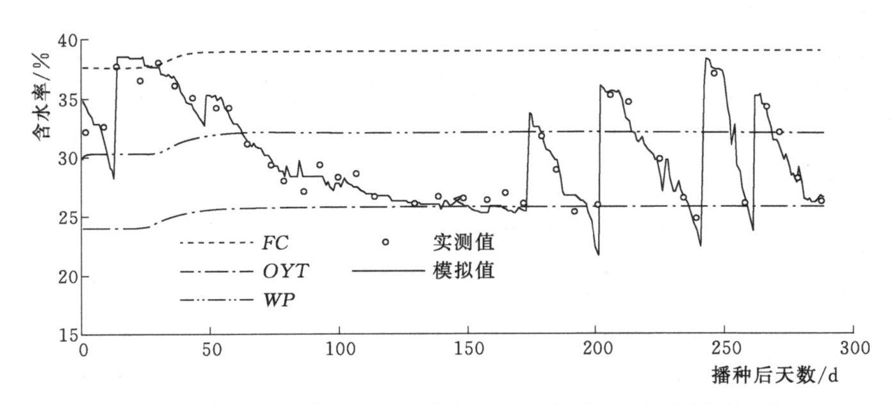

图 6.3　冬小麦轻度含盐土壤处理 3 含水率模拟值与实测值对比

6.1.3　灌溉制度模拟结果分析

为利用灌溉模型得到适合于本灌区的优化灌溉制度，以经过验证的小麦灌溉制度模拟的各项参数为基础，用 ISAREG 模型模拟小麦的几种灌溉制度方案，通过各方案的灌水量、灌水次数、渗漏量、地下水补给量、水分利用效率、实际腾发量和作物产量下降比率等因素的对比分析，找出相对合理的灌溉制度方案，得到小麦优化灌溉制度。

根据研究区的现状、实际灌溉制度评价结论和 ISAREG 模型的特点设计小麦灌溉制度方案，通过对各种方案进行模拟，在保证产量下降率在 10.0%以内时，选定 5 种典型方案进行具体分析，方案设计见表 6.5。小麦灌溉制度方案 1～5 的灌水定额根据土壤含水率上下限控制，灌水日期和灌水次数根据模型优化得出；分别对 5 种方案进行轻度和中度含盐土壤条件的灌溉模拟。

表 6.5　　小麦灌溉制度方案设计

方案设计	灌水日期	灌水次数	灌 水 定 额
方案 1	优化	优化	θ_{OYT}至θ_{FC}所需水量
方案 2	优化	优化	θ_{OYT}至 90%θ_{FC}所需水量
方案 3	优化	优化	θ_{OYT}至 80、90 和 100%θ_{FC}所需水量
方案 4	优化	优化	θ_{OYT}至 85%θ_{FC}所需水量
方案 5	优化	优化	85%θ_{OYT}至 90%θ_{FC}所需水量

注　θ_{OYT}为适宜含水率下限，θ_{FC}为田间持水率。

通过各方案的灌水量、灌水次数、渗漏量、地下水补给量、水分利用效率、实际腾发量和作物产量下降比率等因素的对比分析，得出方案 4 为平水年（$P=50\%$）小麦灌溉制度的优选方案，方案 4 的优选灌溉制度小麦生育期共灌水 5 次，每次的灌水日期均是在土壤含水率降至适宜含水率下限 85%的条件下由模型优化计算得出的，相应的灌水定额均不相同；方案 4 的灌溉定额较小，而产量下降率也较小。

表 6.6 为轻度含盐土壤冬小麦优选灌溉制度，冬小麦全生育期灌水 5 次，灌水定额分别为 65.5mm、54.2mm、79.2mm、82.6mm 和 82.6mm，灌溉定额 364.1mm；其灌溉定额比试验区轻度受旱处理 2 的灌溉定额偏小约 11mm，但其产量比处理 2 有一定程度的提高。

表 6.7 为中度含盐土壤冬小麦优选灌溉制度，冬小麦全生育期灌水 5 次，灌水定额分别为 77.6mm、54.2mm、89.7mm、96.5mm 和 96.5mm，灌溉定额为 414.5mm；其灌溉定额比轻度含盐土壤冬小麦优选灌溉制度的灌溉定额高 50.4mm，主要是模拟时考虑了盐分胁迫对作物生长的影响。

表 6.6　　轻度含盐土壤冬小麦优选灌溉制度

灌水次数	处 理 1		
	灌水日期/(年-月-日)	灌水定额/mm	灌溉定额/mm
1	2012-09-22	65.5	
2	2013-03-11	54.2	
3	2013-04-16	79.2	364.1
4	2013-05-14	82.6	
5	2013-06-03	82.6	

表 6.7　　中度含盐土壤冬小麦优选灌溉制度

灌水次数	处 理 1		
	灌水日期/(年-月-日)	灌水定额/mm	灌溉定额/mm
1	2012-09-25	77.6	
2	2013-03-15	54.2	
3	2013-04-11	89.7	414.5
4	2013-05-20	96.5	
5	2013-06-08	96.5	

6.2　不同盐渍化土壤条件下的最优灌溉决策方案

6.2.1　基于 SADREG 模型的灌溉管理决策模型

1. 模型原理

SADREG 模型是灌溉管理决策模型，该模型的主要功能是对灌水方式、田间参数、灌溉制度和输水系统的组成做进一步的分析，针对各组成模式进行效益、成本和环境效应的评价和优选，SADREG 模型灌溉方案决策优选过程如图 6.4 所示。

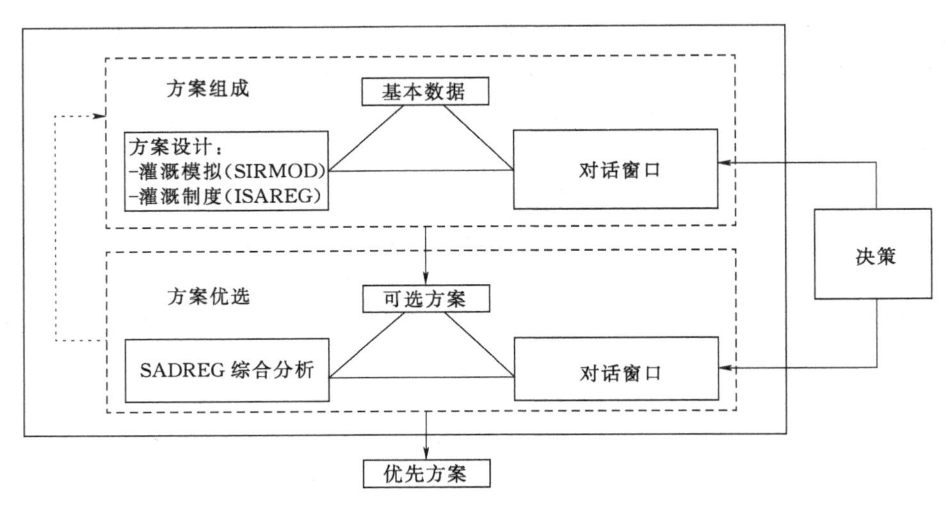

图 6.4　SADREG 模型灌溉决策优选结构框图

对于上述效益、成本和环境效应的多目标分析采用以下综合效用函数评价，即

$$U=\sum_{j=1}^{n}\lambda_j U_j \tag{6.31}$$

式中：λ_j 为各目标中包含性能指标所占权重；U_j 为各目标性能指标的效用函数；n 为各性能指标的总数。

效益指标主要包括土地生产率、土地经济生产率、水分生产率和有效水利用率。效益指标的效用函数为

$$U_k=\alpha_{mk}X_k \tag{6.32}$$

式中：U_k 为效益各指标的效用函数；α_{mk} 为第 k 个指标最大属性函数值的斜率，是将效益转换为效用值的系数；X_k 为第 k 个指标的属性值。

成本指标包括固定成本和可变成本。成本的效用函数为

$$U_l=1-\alpha_{ml}X_l \tag{6.33}$$

式中：U_l 为成本各指标的效用函数；α_{ml} 为第 l 个指标最大属性函数值的斜率，是将成本转换为效用值的系数；X_l 为第 l 个指标的属性值。

环境效应指标包括总灌水量、渗漏量或径流损失、盐渍化风险、土壤侵蚀率。环境效应的效用函数为

$$U_i = 1 - \alpha_{mi} X_i \tag{6.34}$$

式中：U_i 为环境效应各指标的效用函数；α_{mi} 为第 i 个指标最大属性函数的斜率，是将水量转换为效用值的系数；X_i 为第 i 个指标的属性值。

2. 模型数据结构

SADREG 模型的数据结构分为 4 层，第 1 层为操作窗口，主要包括有效储水量、畦田规格和入渗参数等基本的田间数据；第 2 层为方案设计，主要包括土壤、作物、成本和灌溉数据等；第 3 层为方案设计的限制条件，主要包括输水方式、灌水方法、畦尾开闭状态和指标权重等；第 4 层为方案的综合分析和优选，主要包括性能指标和效应函数值等。

根据 SADREG 模型的数据结构，将其主要输入数据分为 7 类：①田间基本数据，包括畦田规格和田面坡度等；②气象数据，包括气温、相对湿度和风速等；③土壤数据，包括有效储水量 TAW、田面糙率和入渗参数等；④作物数据，包括最大产量、水分生产函数和灌溉制度等；⑤成本数据，包括土地平整、渠系或管道输水以及水费和劳动力等；⑥供水数据，包括供水量、灌水方式、同时灌溉的田块数量和入口流量等；⑦输水系统数据，包括输水方式和流量等。

模型的输出结果分为 3 类：①效益主要包括土地生产率、土地经济生产率、水分经济生产率、水分生产率和有效水利用率等；②成本包括输水和灌水的固定成本、可变成本和总成本等；③环境效益包括灌水量和田间渗漏与径流损失等。

3. 模型基本数据

进行决策分析时，首先输入土壤类型和田面坡度等基本数据，其他的数据将通过建立若干工程对不同方案进行参数输入引用已优化的田面参数数据。成本数据包括平整土地、灌溉费用、水费和劳动力费用等。

4. 作物数据

作物数据包括作物的种植日期、生育期天数、作物最大产量、作物单价、水分生产函数和灌溉制度等。

5. 输水数据

SADREG 模型设计的输水系统数据包括输水方式、灌水方法和畦尾开闭状态等；小麦灌溉方案设计灌水方式均为畦灌，畦尾均为封闭状态。

6.2.2 冬小麦灌溉管理决策模型设计和参数计算

1. 灌溉方案设计

设计小麦灌溉决策方案的目的在于提高水分利用效率和改进作物生长条件，起到节水增产、改善农田生态环境的作用。相应的灌溉决策产生过程较为复杂，涉及各类决策变量及约束条件，为一个多目标决策，其最佳目标为效益最大、成本最低和对环境的影响最小。

根据现状的各试验处理数据和经过 ISAREG 模型优化的参数进行小麦灌溉决策方案设计，表 6.8 给出了小麦灌溉试验处理条件下的 3 种方案设计和 ISAREG 模型优化后的参数设计的 6 种方案。

表 6.8　　小麦畦田灌溉决策方案设计

项　目	无覆盖	地埋覆盖	秸秆覆盖	盐分	灌溉制度
方案1	√			轻度	优化
方案2	√			中度	优化
方案3		√		轻度	优化
方案4		√		中度	优化
方案5			√	轻度	优化
方案6			√	中度	优化

开展小麦灌溉决策多目标分析的评判标准与性能指标包括3类：

(1) 效益。X_1 为土地经济生产率，元/hm²；X_2 为水分生产率，kg/m³；X_3 为水资源经济生产率，元/m³；X_4 为有效水利用率，%。

(2) 成本。X_5 为输水和灌水的固定成本，元/hm²；X_6 为输水和灌水的可变成本，元/hm²。

(3) 环境效应。X_7 为灌水量，m³/hm²；X_8 为田间渗漏与径流损失，m³/hm²。

根据以上性能指标对表6.8给出的6种方案进行分析评价，计算这些性能指标所需的数据来自当地的社会与经济调查结果以及田间试验观测数据。

2. 灌溉参数选定和计算

根据SADREG模型的特点，在进行多目标综合分析之前，首先需对各目标的效用函数和权重进行设定，各性能指标的最大值、最小值是根据当地的社会与经济调查结果，结合冬小麦的最大产量和现状平均价格以及需水情况计算得出的，各性能指标的最大值、最小值和对应的权重见表6.9。根据SADREG模型对渠灌区粮食作物的推荐值，当效益、成本和环境效应的权重比例为3∶1∶1，并对各目标内部性能指标的权重进行平均分配时，基本能够平衡效益最大、成本最低和对环境影响最小的目标。

表 6.9　　冬小麦灌溉决策性能指标和权重

目　标	性 能 指 标	最大值	最小值	权重
效益	土地经济生产率（*LEP*）/(元/hm²)	13000	0	15
	水分生产率（*WP*）/(kg/m³)	2.0	0	15
	水分经济生产率（*WEP*）/(元/m³)	2.4	0	15
	有效水利用率（*BWU*）/%	100	0	15
成本	固定成本（*FIC*）/(元/亩)	150	0	10
	可变成本（*VIC*）/(元/m³)	0.32	0	10
环境效应	灌水量（*TWU*）/(m³/hm²)	4500	3000	10
	田间渗漏与径流损失（*LR*）/(m³/hm²)	1000	0	10

根据SADREG模型的数据结构分别设定各项参数，气象数据为农田气象站观测得到；各方案的水分生产函数均采用FAO推荐的小麦产量反应系数1.05；6个方案采用ISAREG模型优化的灌溉制度。土地平整费用根据现状和最佳田面坡度确定土方量，然

后计算总费用；采用混凝土衬砌渠道输水，输水费用以水费的形式表示，水费采用研究区用水协会的水价，为 0.32 元/m^3；小麦的灌水方式均为畦灌，灌水和田间用水管理的费用根据灌水时间和劳动力价格确定，畦尾均为关闭状态；毛渠的流量采用实测值，多在 0.10～0.20m^3/s 之间，畦田同时开口数量一般 2～4 个，模拟时采用的流量为 0.15m^3/s，开口数量为 3 个。

6.2.3 冬小麦灌溉管理决策结果分析

制定科学合理的灌溉决策所追求的目标应该是，在尽量满足田间需水要求和节水灌溉的前提下获得较佳的总体效应。为此，在制定总体目标上，既要追求产量、成本、利润等经济效益，又应同时考虑节水带来的社会效益与生态环境效应。基于上述的目标要求，对冬小麦灌溉决策的 6 个方案进行多目标分析，得出不同方案的效益、成本和环境效应各性能指标。

图 6.5 所示为不同方案的土地经济生产率，从对比结果可以看出，方案 3 的土地经济生产率最大，为 12052 元/hm^2，其次是方案 5，其土地经济生产率为 11240 元/hm^2，而方案 2 的土地经济生产率最低，为 8510 元/hm^2。由此可以看出，从土地经济生产率的指标分析轻度含盐土壤采用地埋覆盖并采用优化灌溉制度的方案 3 为首选方案。

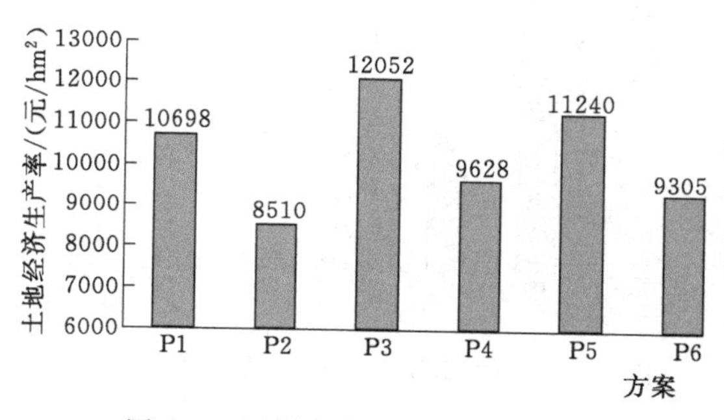

图 6.5 不同方案的土地经济生产率

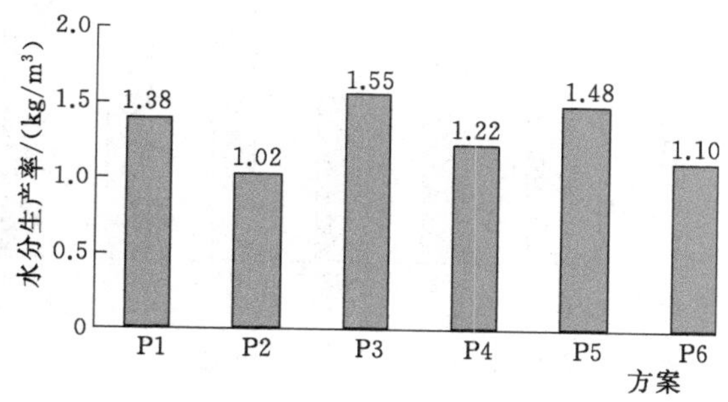

图 6.6 不同方案的水分生产率

图 6.6 所示为不同方案的水分生产率。从对比结果可以看出，方案 3 的水分生产率最大，为 1.55kg/m^3，其次是方案 5，其水分生产率为 1.48kg/m^3，而方案 2 的水分生产率最低，为 1.02kg/m^3。由此可以看出，从水分生产率的指标分析轻度含盐土壤采用地埋覆盖并采用优化灌溉制度的方案 3 为首选方案，这与土地经济生产率的指标结果相同。图 6.7 中不同方案的水分经济生产率也有类似结果。

图 6.8 所示为不同方案的有效水利用率。从对比结果可以看出，方案 5 的有效水利用率最大，为 92.97%，其次是方案 3，其有效水利用率为 90.34%，这与前述不同方案的土地经济生产率、水分生产率和水分经济生产率略有不同；方案 2 的有效水利用率最低，为 78.31%。由此可以看出，从有效水利用率的指标分析轻度含盐土壤采用地埋覆盖并采用优化灌溉制度的方案 3 为首选方案。

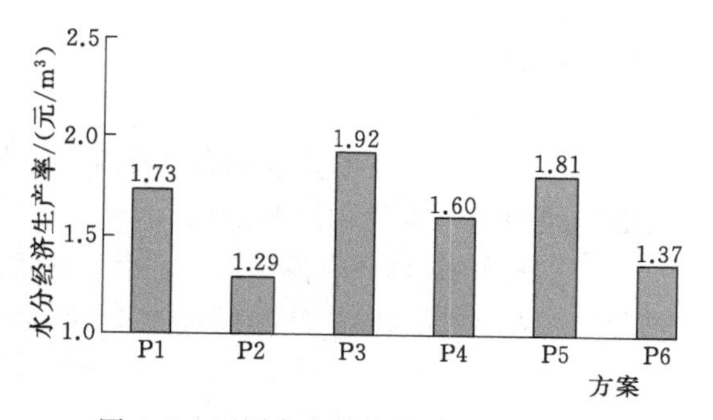

图 6.7 不同方案的水分经济生产率

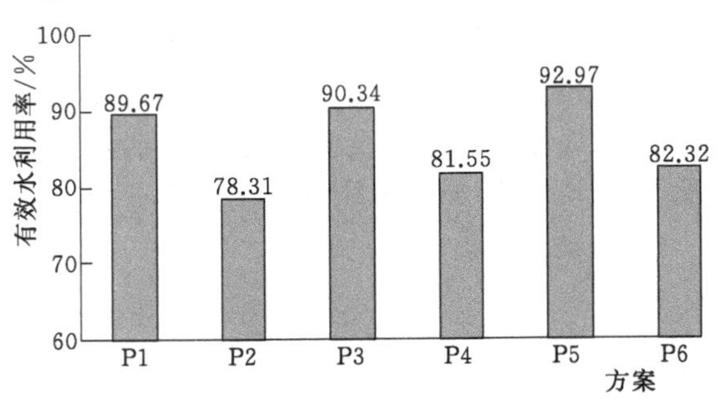

图6.8　不同方案的有效水利用率

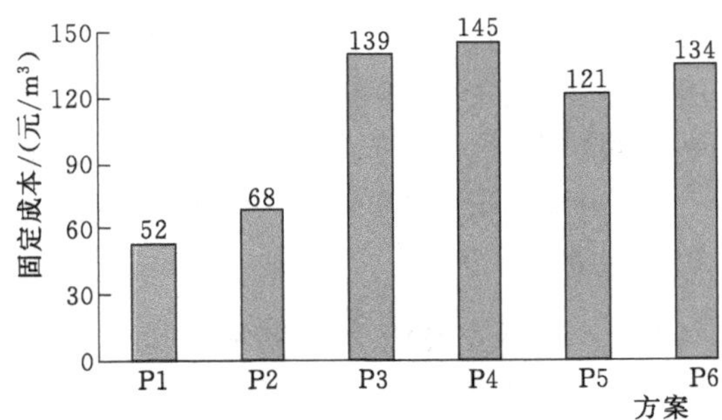

图6.9　不同方案的固定成本

图6.9所示为不同方案的固定成本。从对比结果可以看出，方案4的固定成本最高，为145元/亩，其次是方案3，其固定成本为139元/亩，而方案1的固定成本最低，为52元/亩。由此可以看出，从水分生产率的指标分析轻度含盐土壤采用地埋覆盖并采用优化灌溉制度的方案1为首选方案，图6.10中不同方案的可变成本也有类似结果。

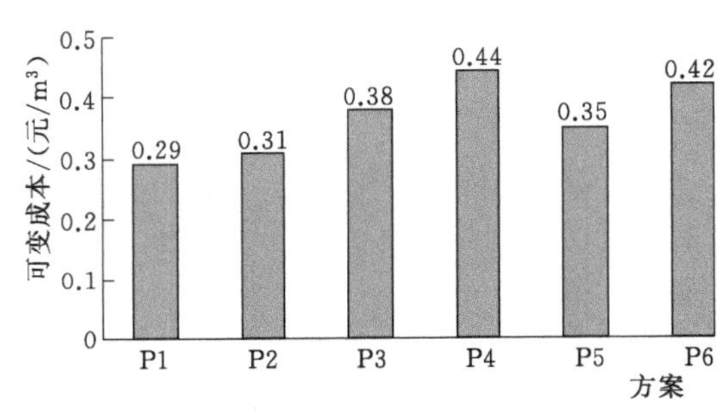

图6.10　不同方案的可变成本

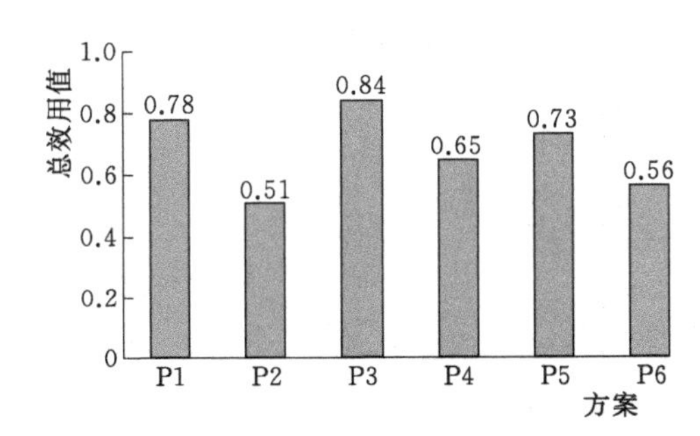

图6.11　不同方案的总效用函数值对比结果

通过SADREG模型对各方案属性数据的决策评价，在对上述6个方案各性能指标分析的基础上，冬小麦优选的灌溉决策应根据各方案的总效用函数值来确定。图6.11所示为6个方案总效用函数值结果对比，方案3的总效用函数值最高，为0.84，其为最优推荐方案，即轻度盐渍化土壤地膜覆盖并采用ISAREG模型优化的灌溉制度；其次是方案1，即轻度盐渍化土壤无覆盖并采用ISAREG模型优化的灌溉制度，而轻度盐渍化土壤秸秆覆盖的总效用函数值相对偏低，不推荐采用。

6.3　小结

（1）建立了基于水盐胁迫的ISAREG灌溉制度模型，制定了不同盐渍化条件下考虑土壤冻融的冬小麦优化灌溉制度。

（2）采用SADREG模型对小麦灌溉决策的6个方案进行了多目标分析评价，得出了不同方案效益、成本和环境效应的各性能指标，并对不同方案的各性能指标进行了对比分析。

（3）以总效用函数值为标准，评价得出了轻度盐渍化土壤采用地膜覆盖和优化灌溉制度的方案为最佳灌溉决策模式。

第7章 结论与展望

7.1 结论

本书针对内蒙古河套灌区冻融期盐渍化土壤的水热盐运移规律及对冬小麦的影响问题，主要开展了冻融状态下土壤水热盐运移规律、水热盐耦合效应对冬小麦的影响和基于水热盐耦合效应的冬小麦优化灌溉管理模式研究，取得了以下主要结论：

（1）推荐河套灌区采用宁冬11号冬小麦品种，该品种大面积覆膜穴播亩产得到了555.93kg，较同年春小麦产量增加100kg，并且连续多年返青情况及产量稳定，实现了河套地区冬小麦通过栽培技术手段安全越冬。

（2）冬小麦复种早熟玉米、豆角、绿豆、苦瓜、牧草等是河套灌区较为适宜的复种发展模式，增加了农民收入，效益显著。

（3）冻结土壤水分的入渗率远小于未冻结土壤水分的入渗率，在土壤冻结过程中入渗率随冻层的增大而减小；该试验区的实测数据表明，当土壤冻结进入稳定期以后，土壤稳定入渗率降低均在85.0%以上，并且随着冻结期的推进，稳定入渗率也在缓慢降低。

（4）秸秆覆盖和地膜覆盖在土壤冻结初期和中期具有较好的减缓土壤水冻结的作用，能使土壤保持较高的入渗量和稳定入渗率，效果显著；地膜覆盖在土壤冻结初期和中期与无覆盖的减渗率相比分别相差9.11%和13.50%，效果最好；秸秆覆盖在土壤冻结初期和中期与无覆盖的减渗率相比分别相差4.10%和7.00%，效果较地膜覆盖差。

（5）Kostiakov模型和Kostiakov-Lewis模型模拟土壤入渗数据没有明显的差异性，可用来表征冻结土壤的入渗过程，并通过试验数据得出了冻结过程两个模型的土壤水分入渗参数和入渗方程；而Philip入渗方程不适合表征冻结土壤的入渗过程。

（6）通过对土壤水分、土壤温度、地表能量和土壤盐分的模拟检验，表明SHAW模型可以较好地对试验区冻融土壤进行水热盐模拟分析；冻融期土壤冻融过程分为不稳定冻结（冻结初期）、快速冻结（冻结中期）、稳定冻结及融解期4个阶段；土壤中的冻层形成后，与大气间的水汽交换被地表附近的冻结层阻隔，土壤温度上部低下部高，土壤剖面上都进行着单向冻结过程。

（7）研究区轻度含盐土壤和中度含盐土壤不同覆盖处理冬小麦耗水量均在530mm左右，其值基本可作为冬小麦的需水量；冬小麦在充分灌溉或轻度受旱条件下产量较高，比春小麦产量提高8.0%～18.0%，具有较好的推广前景，可解决该地区春小麦单产较低的现状，大幅提高河套灌区的小麦产量。

（8）轻度和中度含盐处理土壤盐分随时间的变化规律基本一致；在相同的灌水处理条件下轻度、中度含盐土壤的5cm深土层盐分上升速度逐渐增大，并且在融解期5cm深土层盐分积聚尤为明显。

(9) 地膜覆盖和秸秆覆盖不同受旱条件下土壤盐分对冬小麦产量的影响规律与无覆盖一致，中度含盐土壤比轻度含盐土壤冬小麦减产率均在 20.0%～35.0%；与充分灌溉条件相比，轻度受旱对冬小麦产量影响较小，而中度受旱条件下冬小麦产量降低非常显著，不同覆盖处理条件下冬小麦的减产率均在 20.0%～35.0%。

(10) 冬小麦在轻度受旱条件下水分生产率相对较高，比春小麦水分生产率提高约 0.06kg/m^3，冬小麦种植对于提高河套灌区作物的水分生产率具有一定的作用；地膜覆盖和秸秆覆盖不同受旱条件下土壤盐分对冬小麦水分生产率的影响规律与无覆盖一致，中度含盐土壤比轻度含盐土壤冬小麦水分生产率下降均在 20.0%～32.0%内。

(11) 地膜覆盖无论在冻结前、冻结前期还是融解后期，对各土层均具有较好的增温效果，秸秆覆盖效果稍差；地膜覆盖和秸秆覆盖对土壤增温影响主要在土壤表土层，随着深度的增加，增温效果逐渐降低，40cm 的增温作用较小。

(12) 土壤冻结时间长而消融时间短，土壤消融速度远大于冻结速度；土壤温度变化过程在冻结期和融化期呈现不同特点，冻结期随着土壤深度的增加而升高，融化期随着土壤深度的增加而降低。

(13) 利用考虑盐分和水分胁迫的 ISAREG 模型，结合冻融对土壤水分入渗参数的影响，得出了冬小麦不同盐渍化条件下考虑土壤冻融的优化灌溉制度。

(14) 采用 SADREG 模型对小麦灌溉决策的 6 个方案进行了多目标分析评价，得出了不同方案效益、成本和环境效应的各性能指标，并对不同方案的各性能指标进行了对比分析；以总效用函数值为标准，评价得出了轻度盐渍化土壤采用地膜覆盖和优化灌溉制度的方案为最佳灌溉决策模式。

7.2 展望

在我国耕地资源和粮食安全形势日益严峻的条件下，冬小麦与其他作物的复种为西北寒冷地区一年两季种植模式开辟了新的发展空间。秋浇是内蒙古河套灌区多年生产实践获得的传统技术，现状秋浇灌水定额 200m^3/亩左右，而同时冬小麦种植区秋季储水灌溉的灌水定额在 40m^3/亩左右；秋浇地与冬小麦地间巨大的灌水定额差值将使土壤水分和盐分在水平方向上形成明显的运移，同时土壤水盐在垂直方向上的运移也十分活跃，因此非冻期秋浇地与冬小麦地间的土壤水盐运移是一个较为复杂的动态过程，是亟须解决的难点问题之一。

温度是冻融期土壤水盐运移的主要驱动因子，秋浇地与冬小麦地间灌水后形成土壤含水率的巨大差值，使得秋浇地在冻结期和融解期的土壤冻层厚度、冻结含水率均比冬小麦地明显偏高，在温度梯度的驱动下，土壤水盐在水平和垂直方向运移显著。因此，开展盐渍化寒旱灌区秋浇地与冬小麦地间水盐运移机理及调控模式研究，对河套灌区农业生产有十分重要的现实意义。

参 考 文 献

陈军锋，郑秀清，邢述彦，等. 2006. 地表覆膜对季节性冻融土壤入渗规律的影响 [J]. 农业工程学报，22 (7)：18-21.

陈亚新，魏占民，史海滨，等. 2003. 作物-水-盐的联合胁迫与响应模型的研究评估 [J]. 灌溉排水学报，(3)：1-6，14.

邓洁，陈静，贺康宁. 2009. 灌水量和灌水时期对冬小麦耗水特性和生理特性的影响 [J]. 水土保持学报，16 (2)：191-194.

邓力群，陈铭达，刘兆普，等. 2003. 地面覆盖对盐渍土水热盐运动及作物生长的影响 [J]. 土壤通报，34 (2)：93-97.

范爱武，刘伟，王崇琦. 2003. 不同环境条件下土壤温度日变化的计算模拟 [J]. 太阳能学报，24 (3)：167-171.

富广强，李志华，王建永，等. 2013. 季节性冻融对盐荒地水盐运移的影响及调控 [J]. 干旱区地理，36 (4)：645-654.

甘永德，胡顺军，陈秀龙. 2010. 土壤盐分对土壤水分扩散率的影响 [J]. 水土保持通报，(6)：34-39.

高龙，田富强，倪广恒，等. 2010. 膜下滴灌棉田土壤水盐分布特征及灌溉制度试验研究 [J]. 水利学报，41 (12)：1483-1490.

郭东林，杨梅学. 2010. SHAW 模式对青藏高原中部季节冻土区土壤温、湿度的模拟 [J]. 高原气象，(6)：37-43.

郭家选，李巧珍，严昌荣. 2008. 干旱状况下小区域灌溉冬小麦农田生态系统水热传输 [J]. 农业工程学报，24 (12)：20-23.

郭晓霞，刘景辉，张星杰，等. 2010. 不同耕作方式对土壤水热变化的影响 [J]. 中国土壤与肥料，(5)：67-72.

胡安焱，高瑾，贺屹，等. 2002. 干旱内陆灌区土壤水盐模型 [J]. 水科学进展，13 (6)：726-730.

黄兴法，曾德超，练国平. 1997. 土壤水热盐运动模型的建立与初步验证 [J]. 农业工程学报，13 (3)：32-36.

黄兴法，王千，曾德超. 1993. 冻期土壤水热盐运动规律的试验研究 [J]. 农业工程学报，9 (3)：28-33.

霍星，李亮，史海滨，等. 2012. 盐渍化灌区盐荒地水盐平衡分析 [J]. 中国农村水利水电，(9)：13-15.

靳志锋，虎胆·吐马尔白，马合木江积，等. 2013. 雪消融对北疆棉田土壤水盐运动的影响研究 [J]. 新疆农业大学学报，36 (2)：169-172.

靳志锋，虎胆·吐马尔白，牟洪臣，等. 2013. 土壤冻融温度影响下棉田水盐运移规律 [J]. 干旱区研究，30 (4)：623-627.

巨龙，王全九，王琳芳，等. 2007. 灌水量对半干旱区土壤水盐分布特征及冬小麦产量的影响 [J]. 农业工程学报，23 (1)：86-90.

孔东，史海滨. 2004. 盐分胁迫条件下向日葵光合速率及影响因子研究 [J]. 农业工程学报，20 (11)：25-31.

孔东，史海滨，等. 2004. 水盐联合胁迫对向日葵幼苗生长发育的影响 [J]. 灌溉排水学报，23 (5)：32-35.

李春友，任理，李保国. 2000. 秸秆覆盖条件下土壤水热盐耦合运动规律模拟研究进展 [J]. 水科学进展，11（3）：325－329.

李军，邵明安，张兴昌. 2004. 黄土高原旱塬地冬小麦水分生产潜力与土壤水分动态的模拟研究［J］. 自然资源学报，（6）：52－55.

李亮，史海滨，贾锦凤，等. 2010. 内蒙古河套灌区荒地水盐运移规律模拟［J］. 农业工程学报，26（1）：31－35.

李亮，史海滨，李和平. 2012. 内蒙古河套灌区秋浇荒地水盐运移规律的研究［J］. 中国农村水利水电，（4）：41－44.

李全起，陈雨海，周勋波. 2009. 灌溉和种植模式对冬小麦播前土壤含水量的消耗及水分利用效率的影响［J］. 作物学报，35（1）：104－109.

李韧. 2005. 青藏高原辐射场与冻土热力学关系的分析与模拟研究［D］. 兰州：中国科学院寒区旱区环境与工程研究所.

李瑞平，史海滨，赤江刚夫，等. 2007. 冻融期气温与土壤水盐运移特征研究［J］. 农业工程学报，23（4）：70－74.

李瑞平，史海滨，赤江刚夫，等. 2007. 季节性冻融土壤水盐动态预测 BP 网络模型研究［J］. 农业工程学报，23（11）：125－128.

李学军，费良军，李改琴. 2008. 大型 U 形混凝土衬砌渠道季节性冻融水热耦合模型研究［J］. 农业工程学报，24（1）：13－17.

李学军，费良军，任之忠. 2007. 大型 U 型渠道渠基季节性冻融水分运移特性研究［J］. 水利学报，38（11）：1383－1387.

李毅，王文焰，王全九. 2003. 非充分供水条件下滴灌入渗的水盐运移特征研究［J］. 水土保持学报，17（1）：1－5.

吕殿青. 2002. 膜下滴灌水盐运移影响因素研究［J］. 土壤学报，39（6）：790－794.

吕殿青，王全九，王文焰，等. 2000. 一维土壤水盐运移特征研究［J］. 水土保持学报，14（4）：87－91.

乔冬梅，史海滨，等. 2005. 盐渍化地区土壤基质势动态变化规律的研究［J］. 灌溉排水学报，24（6）：15－18.

山仑. 2007. 植物抗旱生理研究与发展半旱地农业［J］. 干旱地区农业研究，25（1）：1－5.

尚松浩，雷志栋，杨诗秀. 1999. 冻融期地下水位变化情况下土壤水分运动的初步研究［J］. 农业工程学报，15（2）：64－68.

汤洁，张豪，梁爽，等. 2013. 吉林西部典型灌区冻融期水田水盐运移特征研究［J］. 科学技术与工程，13（33）：9796－9801.

汪丙国，靳孟贵. 2002. 夏玉米田水分-养分-盐分剖面二维数值模拟［J］. 地质科技情报，21（1）：55－59.

王建东，龚时宏，许迪，等. 2010. 地表滴灌条件下水热耦合迁移数值模拟与验证［J］. 农业工程学报，26（12）：66－71.

王建东，龚时宏，隋娟. 2008. 华北地区滴灌灌水频率对春玉米生长和农田土壤水热分布的影响［J］. 农业工程学报，24（2）：39－45.

王全九，王文焰，汪志容，等. 2001. 盐碱地膜下滴灌技术参数的确定［J］. 农业工程学报，17（2）：47－51.

王水献，董新光，吴彬，等. 2012. 干旱盐渍土区土壤水盐运动数值模拟及调控模式［J］. 农业工程学报，28（13）：142－148.

王在敏，何雨江，靳孟贵，等. 2012. 运用土壤水盐运移模型优化棉花微咸水膜下滴灌制度［J］. 农业工程学报，28（17）：63－70.

吴月茹，王维真，王海兵，等. 2010. 黄河上游盐渍化农田土壤水盐动态变化规律研究［J］. 水土保持学报，（3）：21－26.

肖薇，郑有飞，于强. 2005. 基于 SHAW 模型对农田小气候要素的模拟 [J]. 生态学报，25 (7)：1626 -1634.

徐力刚，杨劲松. 2004. 土壤水盐运移的简化数学模型在水盐动态预报上的应用研究 [J]. 土壤通报，35 (1)：5 - 8.

徐旭，黄冠华，黄权中，等. 2013. 农田水盐运移与作物生长模型耦合及验证 [J]. 农业工程学报，29 (4)，110 - 117.

薛铸，史海滨，等. 2007. 盐渍化土壤水肥耦合对向日葵苗期生长影响的试验 [J]. 农业工程学报，23 (6)：45 - 150.

杨金凤，郑秀清，邢述彦. 2008. 地表覆盖条件下冻融土壤水热动态变化规律研究 [J]. 太原理工大学学报，39 (3)：303 - 306.

冶金明. 2012. 干旱半干旱地区灌溉条件下的土壤水盐运移研究进展 [J]. 安徽农业科学，40 (29)：14246 - 14248

张幸福. 2005. 甘肃白银盐碱地区小麦品种的耐盐性研究 [J]. 干旱地区农业研究，23 (4)：102 - 107.

张宇，张海林，陈继康. 2009. 耕作措施对华北农田 CO_2 排放影响及水热关系分析 [J]. 农业工程学报，25 (4)：47 - 53.

张治，田富强，钟瑞森，等. 2011. 新疆膜下滴灌棉田生育期地温变化规律 [J]. 农业工程学报，27 (1)：44 - 51.

张忠学，于贵瑞. 2003. 不同灌水处理对冬小麦生长及水分利用效率的影响 [J]. 灌溉排水学报，22 (2)：1 - 4.

郑秀清，樊贵盛. 2001. 冻融土壤水热迁移数值模型的建立与仿真分析 [J]. 系统仿真学报，13 (3)：52 -55.

周剑，王根绪，李新. 2008. 高寒冻土地区草甸草地生态系统的能量-水分平衡分析 [J]. 冰川冻土，30 (3)：398 - 407.

Elias S Bassil，Stephen R Kaffka. 2002. Response of safflower to saline soils and irrigation：Ⅱ：Crop response to salinity [J]. Agricultural Water Management，(54)：81 - 92.

Feng Z Z，Wang X K，Feng Z W. 2005. Soil N and salinity leaching after the autumn irrigation and its impact on groundwater in Hetao Irrigation District [J]. Agricultural Water Management，(71)：131 - 143.

Flerchinger G N，Saxton K E. 1989. Simultaneous heat and water model of a freezing snow-residue-soil system I：Theory and development [J]. Transactions of the ASAE，32 (2)：565 - 571.

Flerchinger G N，Seyfried M S，Hardegree S P. 2006. Using Soil Freezing Characteristics to Model Multi-Season Soil Water Dynamics [J]. Vadose Zone Journal，5 (4)：1143 - 1153.

Huang Mingbin，Jacques Gallichand. 2006. Use of the SHAW model to assess soil water recovery after apple trees in the gully region of the Loess Plateau，China [J]. Agricultural Water Management，85：67 - 76.

Jensen J R，Bernhard R H，Hansen S. 2003. Productivity in maize based cropping systems under various soil-water-nutrient management strategies in a semi-arid，alfisol environment in East Africa [J]. Agricultural Water Management，(59)：219 - 237.

Kang Ersil，Cheng Guodong，Song Kechao. 2005. Simulation of energy and water balance in Soil-Vegetation-Atmosphere Transfer system in the mountain area of Heihe River Basin at Hexi Corridor of northwest China [J]. Science in China Ser. D Earth Sciences，48 (4)：538 - 548.

Kong Dong，Shi Haibin et al. 2003. Deficit irrigation effects on growth and yield of sunflower in saline soil [C] //Proceeding of ICWSASUWLR.

Petri Ekholm，Eila Turtola，Juha Gronroos. 2005. Phosphorus loss from different farming systems estimated from soil surface phosphorus balance Agriculture [J]. Ecosystems and Environment，(110)：266 - 278.

Qin Zhong，Yu Qiang，Xu Shouhua. 2005. Water heat flues and water use efficiency measurement and modeling above a farmland in the North China Plain [J]. Science in China Ser. D Earth Sciences, 48, Supp. I: 207-217.

Shi Haibin et al. 2002. Field Study of Sunflower Response to Soil Water and Salt Stress in the Hetao Area, China [C] // The International Conference on the Optimum Allocation of Water Resource, the Ecological Environment Construction and the Sustainable development in Arid Zone, 52-59.

Shi Haibin et al. 2003. Sunflower response to soil water and salt stress in Hetao area, China [C] // Proceeding of International Conference on Water-Saving Agriculture and Sustainable Use of Water and Land Resources.

Shi Haibin, Akae Takeo, Nagahori Kinzo, et al. 2002. Simulation of Leaching Requirement for Hetao Irrigation District Considering Salt Redistribution after Irrigation [J]. Transactions of the CSAE, 18 (5): 67-72.

von Hoyningen-Huene V, Scholtissek C. 1983. Low genetic mixing between avian influenza viruses of different geographic regions [J]. Archives of Virology, 76 (1): 63-67.

Wang F H, Wang X Q, Ken S. 2004. Comparison of conventional, flood irrigated, flat planting with furrow irrigated, raised bed plan ting for winter wheat in China [J]. Field Crops Research, 87: 35-42.

Wang J E, Kang S Z, Li F S, et al. 2008. Effects of aitemate partial root-zone irrigation on soil microorganism and maize growth [J]. Plant Soil, 302: 45-52.

Warrick A W, Biggar J W, Nielsen D R. 1971. Simultaneous solute and water transfer for an unsaturated soil. Water Resources Research, 7 (5): 1216-1225.